本书的视频制作得到了“乡村振兴战略下‘三农’融合出版探索”项目的资助

玉米病虫害绿色防控彩色图谱

全国农业技术推广服务中心　组编
王振营　石　洁　朱晓明　主编

中国农业出版社
北　京

编委会

主　　编：王振营　石　洁　朱晓明

编写人员（按姓氏笔画排序）：

马红霞　王长海　王振营　石　洁
白树雄　朱晓明　刘树森　孙　华
李　跃　张　楠　张　璐　张海剑
郑晓娟　赵　磊　徐永伟　郭　宁
郭井菲　谢原利

视频审核：赵中华　廖丹凤　包书政

目录
CONTENTS

说明：本书的内容编写和视频制作时间不同步，两者若表述不一致，以本书文字内容为准。

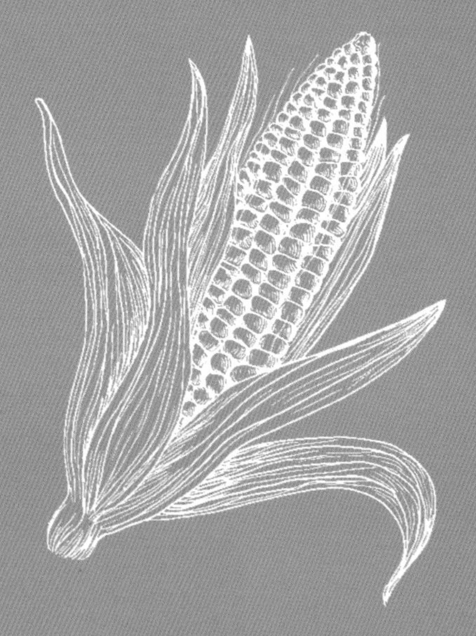

PART 1

病　害

玉米大斑病

图1　全株发病

田间症状 该病主要发生在叶片，也可出现在叶鞘、苞叶上。全生育期均可发病，主要在抽雄吐丝后，病斑多从下部叶片开始出现，逐渐蔓延至全株（图1）。

叶片上的病斑初期为水渍状、橄榄灰色、长条形，不受小叶脉限制（图2A），之后病斑逐渐向两侧扩展，形成长梭形病斑（图2B），病斑长度一般在50毫米以上。因玉米品种不同，对病原菌的抗性不同，病斑的大小、颜色及形状也不尽相同。在感病品种上，病斑较大且数量较多，多为灰褐色，边缘有较窄的褐色或黄色晕圈，或者无晕圈；严重时，病斑可连成一片，导致叶片枯死；田间

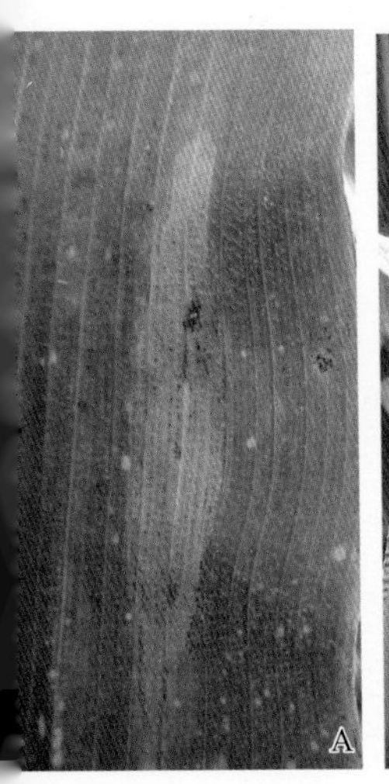

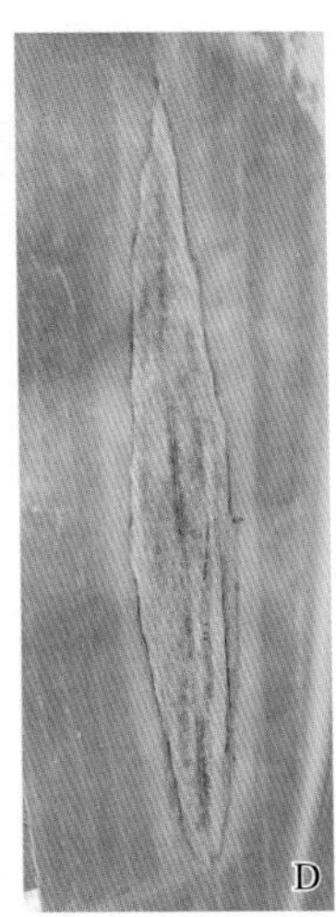
图2　叶部症状

A初期病斑　B典型病斑　C病斑具灰黑色霉层　D抗病品种病斑

气候潮湿时，病斑上可产生大量灰黑色霉层（图2C），显微镜下可见密集的分生孢子。在抗病品种上，病斑相对较小，扩展速度较慢，病斑多呈现黄褐色、灰绿色或紫红色，中心有较小的灰白色区域，外围有明显的黄色或紫色晕圈（图2D）。

玉米大斑病

发生特点

病害类型	真菌性病害
病原	大斑凸脐蠕孢（*Exserohilum turcicum*）属子囊菌，有生理分化现象，不同种植区域生理小种组成及优势生理小种存在明显差异 50微米 分生孢子
越冬场所	病菌主要以休眠菌丝体、分生孢子或厚垣孢子在病残体内越冬
传播途径	大斑病是一种气流传播病害，在玉米生长季，病原菌分生孢子随雨水飞溅或气流短距离传播；分生孢子可借风力远距离传播
发病原因	病原菌大量存在时，田间环境温度在20 ~ 25℃、湿度大于90%的条件下利于病害发生。氮肥不足、地势低洼、种植密度大、连年耕作的地块有利于该病发生
病害循环	越冬 带菌病残体 病菌产孢 随风雨传播 侵染植株 田内 循环 多雨低温 大斑病流行 田边村旁玉米 发病植株秸秆 及田间病残体 （引自王晓鸣，2015）

防治适期

预防性防治：在玉米9叶期至心叶末期，以心叶末期为主。

应急性防治：在田间病叶率达到20%时开始防治。

防治方法

玉米大斑病应以综合防治为主，在采取推广和利用抗病品种的前提下，加强栽培管理，并辅以必要的药剂防治。

1. 种植抗病品种　选择抗病品种是控制玉米大斑病发生流行最经济有效的措施。但在抗病品种种植中要注意品种的合理搭配与布局，避免长期种植单一品种，造成品种抗性丧失。

2. 农业防治　①减少越冬菌源。在病害常发区和重病区，应在玉米收获后，及时将农田内外的病残体清除，集中处理或粉碎深翻，以减少来年初侵染源。②合理密植。严格按照种子说明中公示的密度种植，不随意提高种植密度，保证田间通风透光良好。③科学施肥及灌水。适当提高氮肥的施用量，完善田间灌水排水设施，防止干旱和涝灾，在雨后及时排水，避免田间湿度长期居高不下。④间作或轮作。合理与其他作物间作，有利于增加玉米叶片的通风透光性，降低环境湿度，延缓病害的发生和传播速度。如西南地区可与大豆间作，东北地区可与马铃薯间作，黄淮海地区可与花生间作。在以本地菌源为主的山区、丘陵地带，与水稻、花生、马铃薯等农作物轮作，减少重茬玉米种植面积，对病害的发生有较好的控制作用。

3. 化学防治　可选用以下药剂，在防治适期按照使用说明于傍晚叶面喷雾，如25%吡唑醚菌酯乳油30 ~ 50毫升/亩、35%唑醚·氟环唑悬浮剂24 ~ 40毫升/亩、45%代森铵水剂78 ~ 100毫升/亩、75%肟菌·戊唑醇水分散粒剂15 ~ 20克/亩，施药1 ~ 2次，间隔7 ~ 10天。也可用18.7%丙环·嘧菌酯悬乳剂30 ~ 70毫升/亩，施药1次即可达到较好的防治效果。

4. 生物防治　可选用200亿芽孢/毫升枯草芽孢杆菌70 ~ 80毫升/亩，稀释至20升进行茎叶喷雾。

温馨提示

玉米品种对主要病害的抗性水平在出售的商品种子包装袋上均有文字描述，重发区和常发区要避免选择感病和高感大斑病品种种植。

玉米小斑病

田间症状 该病一般从植株下部叶片开始发病，逐渐向中上部蔓延。病斑初期为水渍状半透明小斑点，随着病情发展，病斑逐步扩大。成熟病斑主要有3种类型：①条形病斑。受叶脉限制，两端呈弧形或近平截，病斑大小为（2～6）毫米×（3～22）毫米，黄褐色到灰褐色，边缘深褐色（图3A），有时出现轮纹，湿度大时病斑上产生灰黑色霉层。②梭形病斑。不受叶脉限制，梭形、纺锤形或椭圆形，病斑相对较小，（0.6～1.2）毫米×（0.6～1.7）毫米，黄褐色或褐色。③点状病斑。病斑为点状，黄褐色或褐色，边缘深褐色，周围有褪绿晕圈（图3B）。生产上条形病斑最为常见，抗病品种上病斑较窄（图3C），感病品种上病斑较宽（图3D）；点状病斑主要发生在抗病品种上。

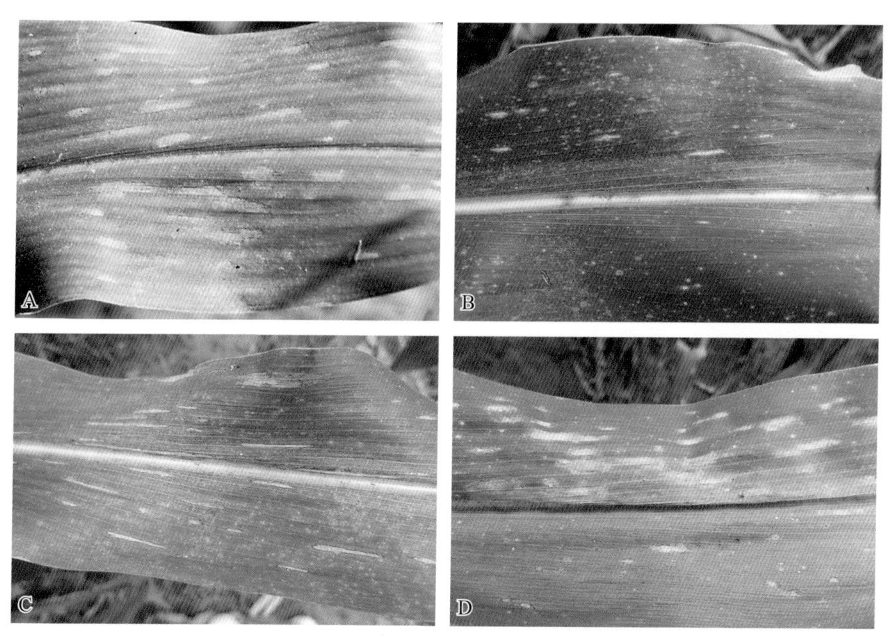

图3　叶部症状

A条形病斑　B点状病斑　C抗性品种的病斑　D感病品种的病斑

发生特点

病害类型	真菌性病害
病原	玉蜀黍平脐蠕孢（*Bipolaris maydis*）属子囊菌，国内有O、C、S、T 4个生理小种，O小种为优势种，种内有强、中、弱3个致病类群，中等致病力类群为优势群 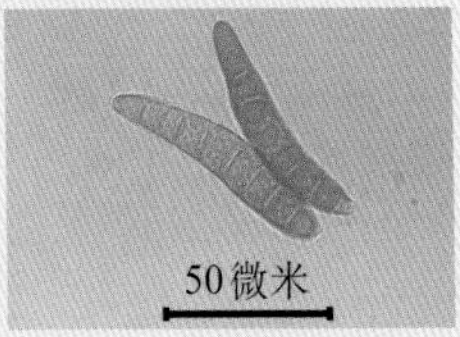 50微米 分生孢子
越冬场所	病菌主要以休眠菌丝体和分生孢子在病残体上越冬
传播途径	主要随气流、风雨远距离传播，也可通过种子远距离传播
发病原因	温度在26 ~ 32℃，降水量大，光照时数少，有利于该病的发生；地势低洼、种植密度大、连年耕作的地块发病重
病害循环	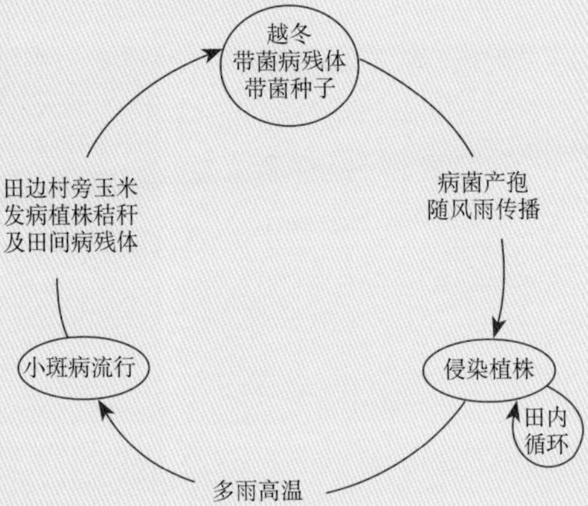 越冬 带菌病残体 带菌种子 病菌产孢 随风雨传播 侵染植株 田内 循环 多雨高温 小斑病流行 田边村旁玉米 发病植株秸秆 及田间病残体 （引自王晓鸣，2015）

防治适期

预防性防治：在玉米拔节期至心叶末期，以心叶末期为主。

应急性防治：在田间病叶率达到20%时开始防治。

防治方法

1. 推广利用抗病品种　种植抗（耐）病品种是控制玉米小斑病最经济有效的措施。常年发生区避免种植感病品种，同时重点关注所在地区小斑

病的生理小种变化，合理布局品种，避免大面积单一品种连年种植造成品种抗性丧失。

温馨提示

普通玉米品种对小斑病的抗性大多数较好，但鲜食玉米对小斑病的抗性通常较差。

2. 农业防治　①调整播期，合理避病。玉米在抽雄灌浆期发病造成的产量损失最大。此时天气大多以阴雨为主，湿度和温度均有利于该病为害。在重发生区或感病品种种植区，可以通过调整播期的方法合理避病。黄淮地区可以将播期调整到5月初，西南地区可以将播期调整到3月中旬。②合理密植。严格按照品种要求的种植密度播种。③科学施肥及灌溉。可适当增施磷、钾肥，有助于增强植株的抗病能力；控制田间湿度，低洼处及时排水。④清除病残体。在常发区，玉米收获后，将田间的病叶和秸秆等病残体集中处理或粉碎深翻入田，减少翌年初侵染源。⑤合理间作套种。不同作物间套作可以改变玉米田间小气候，有利于玉米田通风透光，降低湿度，抑制孢子的萌发，降低小斑病的发病程度。如在西南玉米种植区可与大豆、马铃薯、辣椒、甘蓝，黄淮海种植区可与花生等低秆作物间作。

3. 化学防治　可选用下列药剂，在防治适期按照使用说明于傍晚叶面喷雾，如45%代森铵水剂78 ~ 100毫升/亩、27%氟唑·福美双可湿性粉剂60 ~ 80克/亩、30%肟菌·戊唑醇悬浮剂36 ~ 45毫升/亩等，施药1 ~ 2次，间隔7 ~ 10天；也可采用18.7%丙环·嘧菌酯悬乳剂50 ~ 70毫升/亩，施药1次即可。

玉米弯孢叶斑病

田间症状　该病主要侵染叶片，但不能侵染叶脉（图4A）。一般病斑最先在植株中上部叶片上出现，逐渐向中下部蔓延。病斑初期为褪绿小斑点，逐渐形成圆形或椭圆形病斑，中央黄白色或灰白色，边缘有窄的褐色晕圈或有较宽的褪绿晕圈（图4B）。在抗病品种上病斑为褪绿斑，无中心坏死区，病斑不枯死，或者病斑较小，一般为（1 ~ 2）毫米 ×（1 ~ 2）毫米（图4C）；感病品种上病斑可达（4 ~ 5）毫米 ×（5 ~ 7）毫米，数个病斑相连（图4D），呈片状坏死，严重时整个叶片枯死。

图4　叶部症状

A叶中脉无病斑　B典型病斑　C抗病品种的病斑　D感病品种的病斑

发生特点

病害类型	真菌性病害
病原	由多种弯孢属病菌引起，包括新月弯孢（*Curvularia lunata*）、新月弯孢直立变种（*C. lunata* var.）、画眉草弯孢（*C. eragrostidis*）、棒状弯孢（*C. clavata*）、苍白弯孢（*C. pallescen*）、间型弯孢（*C. intermedia*）等，优势病菌为新月弯孢和新月弯孢直立变种 50微米 新月弯孢分生孢子
越冬（夏）场所	病菌主要以菌丝或分生孢子在地表或浅层土壤的病残体上越冬
传播途径	分生孢子随气流、风雨传播
发病原因	在病原菌大量存在的条件下，多雨且田间环境温度25 ~ 35℃利于病害发生；氮肥不足、地势低洼、种植密度大、连年耕作的地块有利于病害发生

（续）

病害循环

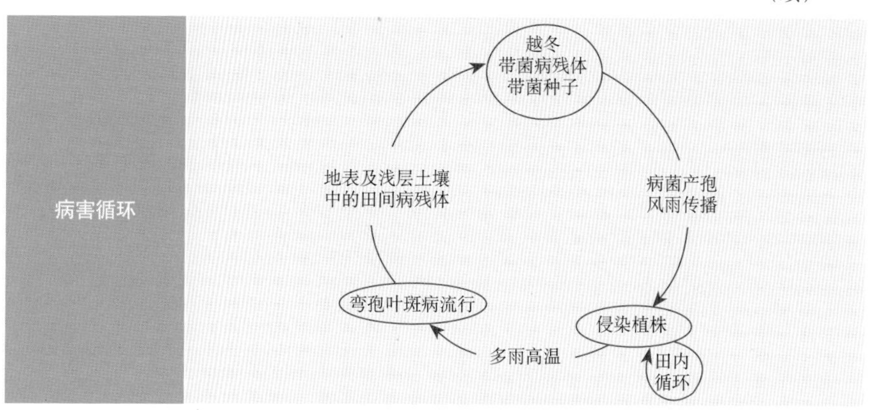

防治适期

预防性防治：玉米拔节期至心叶末期，以心叶末期为主。

应急性防治：田间植株穗上部叶片病斑占叶面积的5%以上时。

防治方法

1. 种植抗病品种　种植抗病品种是控制玉米弯孢叶斑病发生流行最经济有效的措施。抗病自交系主要有HZ126、HZ85、丹599、P131B、P138、丹3130、沈135、沈138、辐乌、双M9、豫12、豫20、Mo17、获唐白等。抗病杂交种有郑单958、大丰30、裕丰303、金海5号、正大12、中科玉505、吉祥1号、豫禾988、冀农1号、汉单777、强盛101、源育66等。

2. 清除病残体，减少越冬菌源　病菌易在地表或浅层土壤的病残体上安全越冬，因此在病害常发区和重病区，应在玉米收获后，马上将秸秆趁含水量高粉碎深翻还田，加快病残体的腐烂，创造不利于病菌越冬的环境，减少来年初侵染菌源。

温馨提示

尽量避免采用玉米秸秆免耕覆盖方式还田或者在来年春季清理秸秆的耕作方式。

3. 化学防治　目前无登记的化学药剂，生产上多选用含苯醚甲环唑、丙环唑、氟环唑、氟菌唑、吡唑醚菌酯等有效成分的化学药剂，施药1次即可达到较好的防治效果。

玉米灰斑病

田间症状 该病病菌主要侵染叶片，也可侵染叶鞘和苞叶。在叶片上，发病初期病斑呈水渍状，两端很快褪绿并沿叶脉方向延伸（图5A），病斑逐渐变为灰色、灰褐色或黄褐色，有的病斑边缘为褐色。病斑在叶脉间扩展并受到叶脉限制，呈长条形，两端较平（图5B），大小为（0.5～4）毫米×（0.5～50）毫米。感病品种上病斑密集，常连接成片，造成叶片枯死，田间湿度大时病斑表面可见灰色霉层（图5C）。抗病品种上病斑小而少，多为点状且周围有褐色边缘，扩展较慢，表面无明显霉层（图5D）。在苞叶上为紫褐色斑点，在叶鞘上为紫褐色斑块（图5E）。

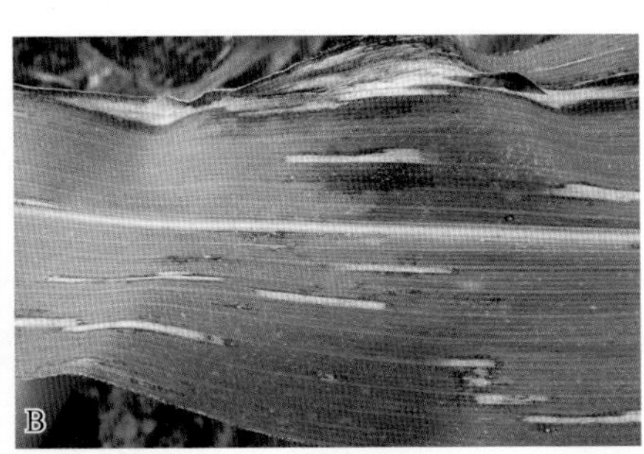

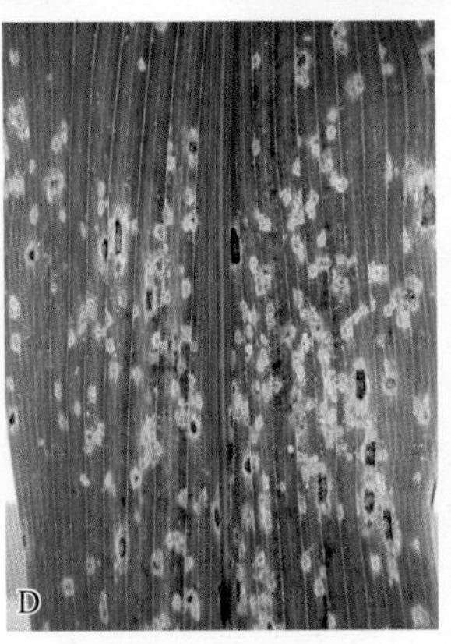

图5　叶部症状

A初侵染病斑　B典型病斑　C病斑表面产生灰色霉层
D抗病品种的病斑　E苞叶及叶鞘上的紫褐色斑

发生特点

病害类型	真菌性病害
病原	国内病菌为玉蜀黍尾孢（*Cercospora zeae-maydis*）和玉米尾孢（*C. zeina*） 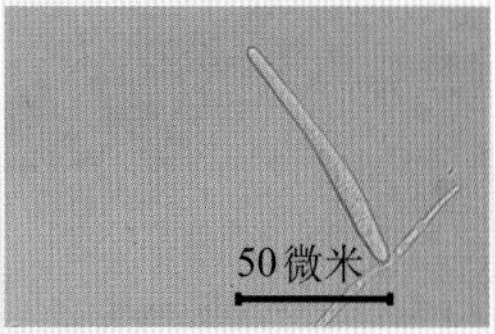 50微米 分生孢子
越冬场所	病菌以菌丝体和分生孢子在玉米病残体上越冬
传播途径	分生孢子可随气流远距离传播，在田间可随风雨气流短距离传播为害
发病原因	病菌侵入植株的最佳温度为25℃，低于15℃或高于30℃不利于侵染。相对湿度≥81%、温度在20～30℃时有利于孢子产生。降水量大、降雨早、空气相对湿度大，病害发生早，否则发病时间推迟7～10天。随着海拔升高、湿度增大、温度降低，灰斑病发病严重。氮磷钾及微量元素失调、种植密度大也会使灰斑病加重。重茬连作地块发病重
病害循环	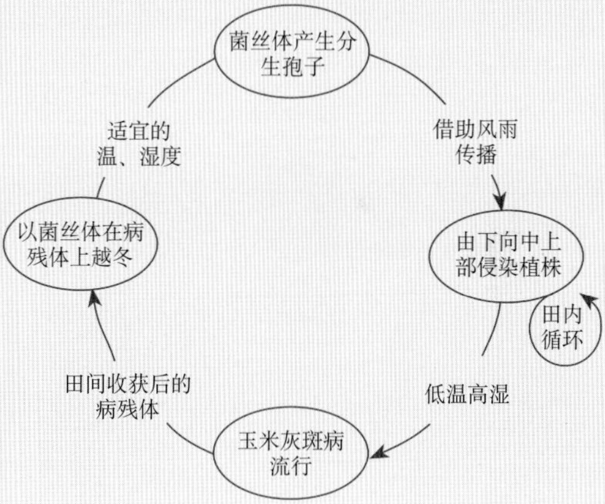 菌丝体产生分生孢子 借助风雨传播 由下向中上部侵染植株 田内循环 低温高湿 玉米灰斑病流行 田间收获后的病残体 以菌丝体在病残体上越冬 适宜的温、湿度

防治适期

预防性防治：大喇叭口期到灌浆初期。

应急性防治：病株在5%以上，并且未来有较多的降雨。

防治方法

1. 种植抗病品种　选择适合当地播种的抗病品种。抗病品种有中科玉505、广德5、美豫503、必祥809、瑞丰266、天艺193、联创903、志文728、兴旺788、伟科702、福园2号、吉农大935、先玉696、龙单69、隆平206、玉金2号、海选1号、秋硕玉6号、云瑞88等。

2. 农业防治　①清除病残体。秸秆还田进行25 ~ 30厘米深翻，使病残体上的病菌在冬季土壤中腐烂，降低越冬菌源基数，减少翌年初侵染菌源；将病残体带出田外集中销毁。②加强轮作、套作。如在云南地区玉米和马铃薯的二套二种植模式，也可采用玉米—大豆—玉米的轮作模式。

3. 化学防治　用下列药剂在防治适期按照使用说明于傍晚叶面喷雾，如75%肟菌·戊唑醇水分散粒剂15 ~ 20克/亩、30%肟菌·戊唑醇悬浮剂36 ~ 45毫升/亩，在发病初期每隔7 ~ 10天喷1次，连喷2 ~ 3次。

玉米褐斑病

田间症状　玉米褐斑病在整个玉米生长期间均可发病。该病病菌主要侵染玉米叶片和叶鞘（图6A）。叶片上病斑最初为针尖大褪绿黄色小斑点，圆形或椭圆形，逐渐变为红褐色至紫色，中间隆起。挑开病斑表皮，可见黄褐色粉末状孢子堆。严重时病斑连片呈段状或条状分布（图6B、C），

图6　叶部症状

A叶片和叶鞘被害　B、C病斑连片呈段状或条状分布　D、E叶脉和叶梢上的病斑

常使叶片干枯死亡，影响植株生长发育，植株矮小（图7），果穗结实不良。叶脉和叶鞘上病斑初期水渍状，不规则，后期病斑为红褐色到紫褐色（图6D、E），圆形或椭圆形，微隆起，严重时病斑可连成不规则大斑，维管束坏死，随后叶片由于养分无法传输而枯死。

图7 植株矮小

发生特点

病害类型	真菌性病害
病原	玉蜀黍节壶菌（*Physoderma maydise*），鞭毛菌亚门节壶菌属，是一种专性寄生菌 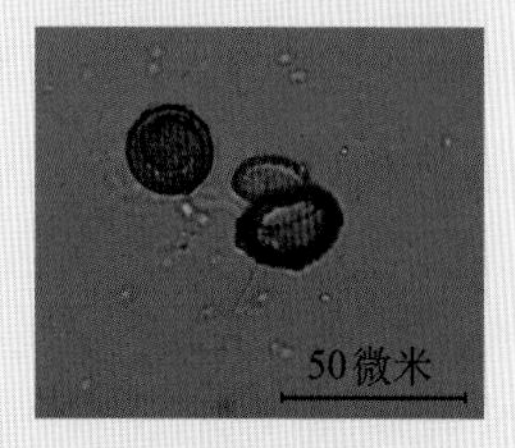 休眠孢子囊
越冬场所	病菌主要以休眠孢子（囊）在土壤或病残体中越冬
传播途径	褐斑病为土传病害，主要通过翻耕、灌溉等农事操作，以及风雨、气流等在不同田块间扩散；孢子（囊）也可随着气流或风雨远距离传播为害
发病原因	降水量大，阴雨天较多，光照时间短，田间温度23 ~ 30℃，相对湿度在85%以上，适合褐斑病发生。此外，病区秸秆还田和连作田、土壤瘠薄的地块以及播种密度大、长势弱的地块也会使褐斑病发生加重
病害循环	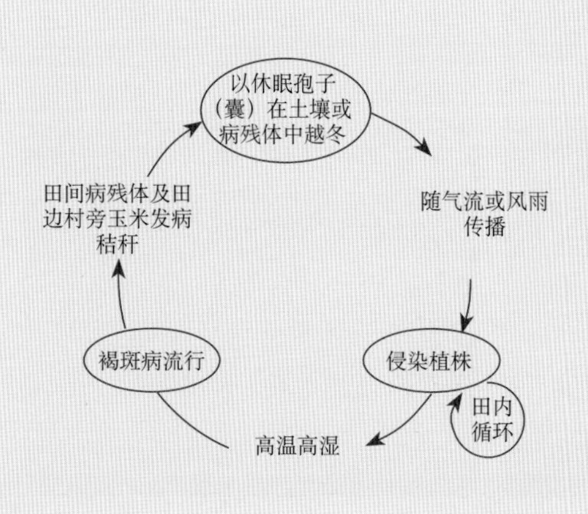

预防性防治：拔节期前后是防治关键期，也可在3 ～ 5叶期结合苗后除草剂一起施药。

应急性防治：在玉米大喇叭口期以前，10%以上的植株心叶上初现水渍状、点状、褪绿病斑时，或者叶片上可见褐斑病典型病斑时，开始防治。

防治方法

1. 种植抗（耐）病品种　在夏播区，目前生产上主推的玉米品种多数对褐斑病抗性较差。在褐斑病的常发区和重发区，选择种植抗（耐）病品种，如蠡玉16、蠡玉13、登海9号、登海5号、中科11等；避免选种双亲中含有塘四平头、瑞德种群成分的玉米品种，如郑单958等。

2. 农业防治　①合理密植。根据气候条件、地力及玉米品种确定种植密度，丰产田选择品种推荐密度上限，低产田选择密度下限。②科学灌溉及施肥。控制田间湿度，及时排除田间积水。在褐斑病显症初期，应立即增施钾肥或喷施叶面肥。③及时清除田间杂草和自生麦苗，促进植株健壮生长，增强植株抗病性。④轮作倒茬。与其他作物轮作倒茬，有效降低土壤中病菌的存活量。⑤减少菌源。玉米收获后，及时清除田间病残体，以减少褐斑病的初侵染源。

3. 化学防治　目前无登记的化学药剂，生产上多用含丙环唑、苯醚甲环唑、戊唑醇、三唑酮（粉锈宁）等有效成分的药剂进行防治，每隔7 ～ 10天喷1次，连续喷药2次，可显著降低田间发病率和控制病情的进一步扩展。

玉米南方锈病

田间症状　该病病菌主要侵染玉米的叶片、叶鞘、苞叶等部位（图8A ～ C），以叶片为主。病害发生初期在叶片上会出现淡黄色小斑点，很快扩展为大小不一的褪绿斑点，斑点上隆起一个或多个呈圆形或椭圆形疱斑，疱斑表皮破裂散出橘黄色、深黄色或铁锈色的夏孢子，呈堆状，称为夏孢子堆（图8D）。孢子堆大小直径0.2 ～ 1.5 毫米，粉末状。叶片的正反两面均可出现孢子堆，背面的孢子堆较少，通常靠近叶脉（图8E）。严重时多个病斑连接呈片状，叶片干枯甚至整株布满病斑枯死。叶鞘上的病斑通常为线状开裂，孢子堆呈长椭圆形或者不规则。

图8　叶部症状

A叶片被害　B叶鞘被害　C苞叶被害　D夏孢子堆　E靠近叶脉的夏孢子堆

发生特点

病害类型	真菌性病害
病原	多堆柄锈菌（*Puccinia polysora*）属担子菌门柄锈菌属，有生理分化，是一种专性寄生菌 50微米 多堆柄锈菌夏孢子
越冬场所	多堆柄锈菌不能够以夏孢子形式在枯死的玉米植株上越冬，在少数情况下可以形成冬孢子，但冬孢子在病害流行中的作用十分有限，病菌主要以寄生和不断侵染的方式在玉米植株上繁殖，特别是在靠近赤道的热带地区能够全年种植玉米，因此，病菌得以存活并形成初始菌源地
传播途径	越冬后的病原菌通过台风和风雨等远距离传播到北方玉米上；传播路径是从低纬度玉米种植区向高纬度玉米种植区传播；发病后产生的夏孢子随气流、风雨等在田间短距离传播，并完成多次再侵染
发病原因	降雨、高湿、温度 23 ～ 28℃有利于该病的发生和流行
病害循环	夏玉米夏孢子无性循环 夏孢子通过气流传播 冬孢子堆 冬孢子 夏季 全年 担子和担孢子 性孢子器和性孢子 锈孢子器和锈孢子 夏孢子 夏孢子堆 全年夏孢子无性循环 （Sun et al., 2021）

防治适期

预防性防治：在玉米生长季节的每次台风来临前，登录中央气象台的台风海洋板块，查阅台风路径预报，如果台风经过台湾，并能到达大陆玉米产区，预示南方锈病夏孢子随风雨来的可能性较大，在台风过境前后喷施化学农药防治1次即可。此外，应在抽雄前预防性喷雾。

应急性防治：灌浆前发生，及时喷雾防治，灌浆后发生，根据病情严重度及后期天气情况酌情选择是否喷雾，如多雨应及时喷雾防治。

防治方法

早期发现和及时防治是控制南方锈病流行的关键。

1. 种植抗病品种　目前生产上抗南方锈病的品种较少，较抗南方锈病的杂交种有：登海618、蠡玉88、中科玉505、登海605、金海702、源玉66、京农科738和荣玉1410等。

2. 加强水肥管理　增施有机肥，提高土壤肥力，合理施用微量元素配方肥和氮磷钾肥，培育壮苗，提高抗病性。

3. 加强预测预报　关注生产季节的气候状况，比如台风、雨水和温度等，判断是否有利于病害发生。

4. 化学防治　目前无登记的化学药剂，可用含有戊唑醇、三唑酮（粉锈宁）、苯醚甲环唑、丙环唑、嘧菌酯、吡唑醚菌酯、氟嘧菌酯等成分的药剂在傍晚喷施，连续喷施2 ～ 3次，可有效控制病情。

玉米普通锈病

田间症状　病害主要发生在叶片、叶鞘和苞叶等部位，以叶片为主，叶脉上也能发病。

发病初期病斑为淡黄色小点，逐渐沿叶脉方向扩展成长方形或圆形的褪绿病斑，在叶片正反两面很快形成单个或多个突起的疱斑——夏孢子堆，夏孢子堆呈球形至椭圆形，黄褐到红棕色，表皮破裂后会散出黄褐或红褐色粉状夏孢子，夏孢子堆可连成片（图9A ～ C）。后期病斑及其周围的孢子堆破裂散出深褐色粉状物即为冬孢子。病斑呈片状分布，集中在叶片下垂弯曲部位和叶片基部或中脉附近（图9D），在抗病品种上可形成褪绿型病斑。

图9　叶部症状

A ～ C夏孢子堆　D病斑呈片状分布

发生特点

病害类型	真菌性病害
病原菌	高粱柄锈菌（*Puccinia sorghi*）属担子菌亚门柄锈菌属
越冬（夏）场所	南方地区由于冬季气温较高，夏孢子可以在当地植株或病残体上越冬。北方地区病原菌则以冬孢子或休眠夏孢子在病残体上越冬 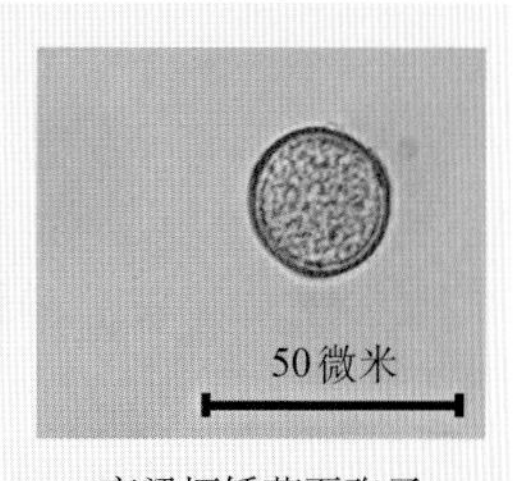 高粱柄锈菌夏孢子

（续）

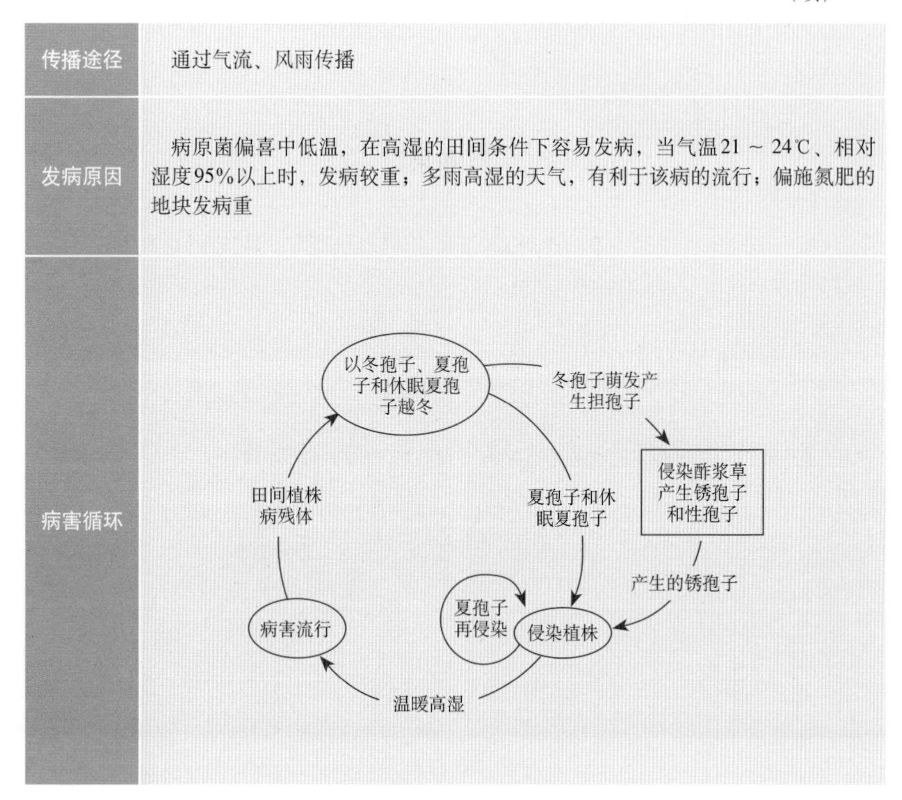

传播途径	通过气流、风雨传播
发病原因	病原菌偏喜中低温，在高湿的田间条件下容易发病，当气温21 ~ 24℃、相对湿度95%以上时，发病较重；多雨高湿的天气，有利于该病的流行；偏施氮肥的地块发病重
病害循环	（见图）

防治适期

预防性防治：大喇叭口期至抽雄期。

应急性防治：在田间出现发病中心时，及时防治。

防治方法

1. 农业防治　①减少菌源。在病害常发区和重病区，玉米收获后及时将农田内外的病残体清除，集中销毁，以减少来年初侵染源。②合理灌溉及施肥。田间设置排水沟渠，及时排水，降低湿度，减少普通锈病的发病条件；合理施用氮磷钾肥，避免偏施氮肥，培养健壮植株。

2. 化学防治　目前无登记的化学药剂，可用药剂类型及用量同南方锈病。在大喇叭口期至抽雄期，用化学药剂10天喷一次，连续喷2次，可以起到很好的预防效果。在田间出现发病中心时需及时用药，7天喷施一次，连续喷施2 ~ 3次。

玉米圆斑病

田间症状 该病病菌主要侵染叶片和果穗，也能侵染苞叶和叶鞘。不同的生理小种在叶片上产生的病斑存在差异：1号小种引起的病斑大小为（5～15）毫米×（3～5）毫米，椭圆形或近圆形，具有同心轮纹，中部淡褐色，边缘褐色或紫褐色，周围有褪绿晕圈（图10A）；2号小种引起的叶斑多为圆形小斑点，大小为（0.5～1.0）毫米×（0.5～2.0）毫米；3号小种引起的叶斑为狭长条形，大小为（10～30）毫米×（1～3）毫米（图10B）。无论哪种类型的病斑在严重时均可扩展连片，湿度大时病斑表面着生灰黑色霉层。病菌侵染苞叶形成不规则病斑，逐渐伸展到果穗，形成黑色凹陷病斑，其上覆盖灰黑色霉层，形成穗腐（图11）；也可扩展到穗轴，导致穗轴组织变褐腐烂；叶鞘上的病斑为不规则状。

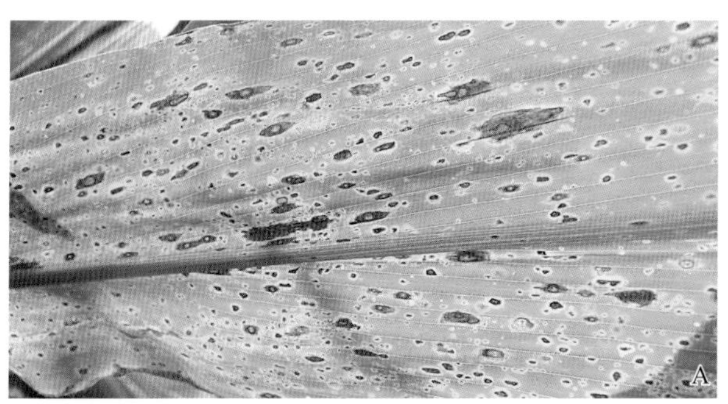

玉米圆斑病

图10　叶部症状

A 1号小种引起的病斑（苏钱富　摄）　B 2号小种引起的病斑（张小飞　摄）

图11　穗腐（苏钱富　摄）

发生特点

病害类型	真菌性病害
病原	玉米生平脐蠕孢（*Bipolaris zeicola*）属子囊菌门平脐蠕孢属，有5个生理小种，我国已报道3个，1号小种和2号小种主要分布于东北地区，西南、西北地区以3号小种为主 50微米 分生孢子
越冬（夏）场所	病菌以休眠菌丝体在玉米病残体、土壤或种子上越冬
传播途径	病菌随着气流或风雨传播到玉米植株上，也可通过种子携带远距离传播
发病原因	温度20 ～ 25℃、相对湿度85%以上，利于圆斑病发生
病害循环	以休眠菌丝体在玉米病残体、土壤或种子上越冬 → 病原菌产生孢子，随气流或风雨传播 → 侵染植株（田内循环）→ 低温 → 圆斑病流行 → 田间病残体及种子带菌 → 以休眠菌丝体在玉米病残体、土壤或种子上越冬

防治适期

预防性防治：当5%的玉米吐丝时为喷药适期，喷药部位以果穗为主，兼顾中、下部茎叶。

应急性防治：田间出现病叶时。

防治方法

1. 加强植物检疫，不从病区引种。

2. 种植抗病品种　已知以下品种对3号小种表现为抗性：荣玉188、正大2393、金玉608、辽单527、太平洋98、玉美头105、南G537等。

3. 减少初侵染源　在病害常发区和重病区，在玉米收获后及时将农田内外的病残体清除，集中处理以减少来年初侵染源。因病菌可在土壤中存活多年，所以要避免秸秆还田。

4. 化学防治　目前无登记的化学药剂，玉米播种时用含咯菌腈等杀菌剂的种衣剂对种子进行包衣。在吐丝期用含代森锰锌、多菌灵或粉锈宁为有效成分的药剂对果穗喷雾，每隔7 ～ 10天喷1次，连喷2次。

玉米矮花叶病

田间症状　因种子可携带病毒，因此，最早出苗即可表现症状。玉米矮花叶病发病越早对产量的影响越大。6叶前发病的植株多细弱，植株矮小（图12），无果穗，或果穗瘦小，结实率低；拔节后感病，矮化现象并不明显，但会影响果穗大小。症状最先在心叶表现，心叶基部叶脉间叶肉组织部分失绿，包围着不规则的未褪绿组织，形成“绿岛”状（图13A）。有的品种上，褪绿部分可连成片，沿着叶脉呈条带分布，形成黄绿相间的条纹（图13B）。

图12　植株矮小

温度过高时，心叶病斑经常会变得不明显甚至消退，这是由于高温抑制了病毒的复制传播，即高温隐症现象；但在已经表现症状的叶片上，由于叶绿素缺乏，常形成黄白色或枯黄色晒斑（图13C、D)。

图13　叶部症状

A心叶"绿岛"状　B黄绿相间的条纹　C、D黄白色或枯黄色晒斑

发生特点

病害类型	病毒性病害
病原	我国主要病原为甘蔗花叶病毒（*Sugarcane mosaic virus*），属马铃薯Y病毒属，局部地区存在白草花叶病毒（*Pennisetum mosaic virus*）
越冬（夏）场所	病毒寄主广泛，因此，可在不同的多年生禾本科植物上越冬，带毒种子也是病毒的重要越冬（夏）场所
传播途径	主要通过多种蚜虫非持久性带毒传播
发病原因	温度在20 ~ 25℃，有大量的传毒蚜虫，并且病毒基数积累到一定程度，是矮花叶病大暴发的原因，干旱有利于病害的发生
病害循环	带病毒种子 病毒越冬 带病毒多年生杂草 蚜虫传毒 蚜虫传毒 田间病害流行 病苗发病中心 蚜虫传毒 （引自王晓鸣，2015）

防治适期 在苗期蚜虫发生前，喷施一次杀虫剂，以控制蚜虫种群数量。

防治方法

1. 推迟播种，合理避病　目前生产上的品种以高感和感病为主，因此，推迟播种，避免玉米幼苗期和蚜虫迁移高峰期相遇，或者避开低温阶段，改春播为夏播，是控制矮花叶病发生的有效措施。

2. 加强栽培管理　合理施肥、灌溉，促进苗期植株的生长，提高植株抗病能力。

03

玉米矮花叶病

3. 压低毒源　及时清理地边杂草，消灭在禾本科杂草上越冬的病毒。发病初期，及时拔除田间病株，可减少毒源，有助于控制矮花叶病的流行。

4. 控制蚜虫　传毒蚜虫的繁殖速度快，干旱条件下更是如此，因此控制蚜虫数量，可达到防治玉米矮花叶病的目的。在苗期使用含吡虫啉、吡蚜酮、噻虫胺、噻虫嗪、阿维菌素等有效成分的化学药剂喷雾防治蚜虫。

5. 化学防治　目前无登记的化学药剂，发病初期，可用含盐酸吗啉胍或利巴韦林成分的药剂喷雾，延缓发病，降低病株率，挽回产量损失。

玉米粗缩病

田间症状　玉米粗缩病是由灰飞虱传毒引起的一种病毒病。症状首先出现在玉米幼嫩的心叶基部及中脉两侧的小叶脉上，产生边缘清晰、透明、油渍状、褪绿虚线条，随后线条逐渐增多，上下延伸成“明脉”（图14A）；逐渐在叶背、叶鞘及雌穗苞叶较粗的叶脉上产生粗细不一、长短不等的白色蜡状突起条纹，称为“脉突”（图14B）。病株整体表现节间缩

图14　叶部症状

A 明脉　B 脉突

短，植株矮小，顶叶簇生状，叶色浓绿，叶片宽短、僵直，质地变脆。发病越早，危害越大。拔节前发病，植株不能正常生长，植株常提前死亡（图15）。发病越晚，症状越轻。部分病株可以抽雄，但雄穗多发育不良，分枝少或花粉败育；雌穗畸形，花丝不发达，籽粒少或不结实（图16）。

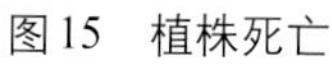

图15　植株死亡

图16　不结实

发生特点

病害类型	病毒性病害
病原	引起玉米粗缩病的病毒有多种，我国为水稻黑条矮缩病毒（*Rice black-streaked dwarf virus*）和南方水稻黑条矮缩病毒（*Southern rice black-streaked dwarf virus*）
越冬（夏）场所	粗缩病毒可在冬小麦、水稻、多年生禾本科杂草寄主及传毒介体内越冬
传播途径	水稻黑条矮缩病毒经灰飞虱以持久性方式传播，病毒在传毒介体内和植物韧皮部特别是薄壁组织中繁殖，灰飞虱通过刺吸含毒植物汁液来获毒并传播病毒
发生原因	气候是影响粗缩病传毒媒介灰飞虱种群数量的主要因素，灰飞虱种群数量大，带毒率高易造成粗缩病暴发流行；冬季温暖干燥利于灰飞虱的越冬，夏季降水量少利于灰飞虱若虫的羽化，但降水量偏多、气温偏低时则利于灰飞虱的生长繁殖；灰飞虱发育适温15 ~ 28℃，温度达到30℃以上时不利于其发育繁殖；田间地头杂草多的地块粗缩病发病高

（续）

病害循环	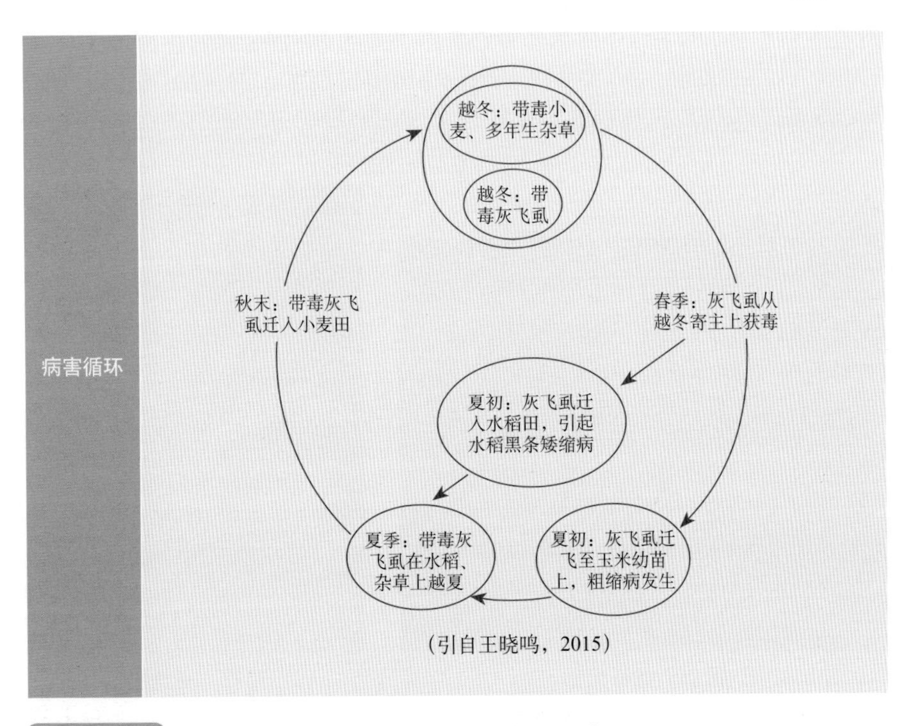 （引自王晓鸣，2015）

防治适期 在灰飞虱迁飞到玉米田前，喷雾预防。

防治方法

1. 种植抗（耐）病品种　种植抗病品种是防治玉米粗缩病的根本途径，目前并未在生产上发现免疫品种，仅有一些耐病品种，如农大108、青农105、鲁单50、丹玉86等品种对粗缩病均有一定的抗性，但在灰飞虱迁飞高峰期播种发病率仍为100%。此外，还要注意合理布局，避免单一感病品种大面积种植。

2. 加强监测和预报　对常发区和重发区的小麦、田间杂草及灰飞虱的发生密度和玉米粗缩病病株率进行定点定期调查，同时结合玉米种植方式和发育进度，对玉米粗缩病的发生做出及时准确的预测预报和相对应的防治措施。

3. 农业防治　①根据越冬灰飞虱基数和粗缩病发生规律，调整玉米播期，使玉米易感病的叶龄期避开灰飞虱成虫传毒盛期。②调整田间种植结构，改变耕作方式，切断灰飞虱的侵染来源。③清除田间、地边杂草，减少灰飞虱的栖息场所，拔除田间病株，减少侵染源。④合理施肥、灌溉，促进玉米生长，缩短苗期时间，减少传毒机会，增强玉米抗病能力。

4. 化学防治　①喷雾防治。用含下列有效成分的药剂按照使用说明叶面喷雾，如30%毒氟磷可湿性粉剂45 ~ 75克/亩、6%低聚糖素水剂62 ~ 83毫升/亩、5%氨基寡糖素水剂75 ~ 100毫升/亩。②种子包衣处理。采用有效成分为吡虫啉、噻虫嗪等烟碱类杀虫剂的种衣剂进行包衣，对苗期的灰飞虱有一定的防治效果，可减轻粗缩病的发病率。③防治灰飞虱。在播种前和苗期对玉米田及附近杂草喷施有效成分为吡虫啉、甲胺磷、氟虫腈的药剂防治灰飞虱，灰飞虱若虫盛期可用捕虱灵喷雾防治，同时注意田边、沟边喷药防治。此外，麦田是灰飞虱越冬的主要场所，待灰飞虱10月中旬进入麦田越冬时，应喷一次内吸性杀虫剂，减少越冬虫源的基数。

玉米纹枯病

田间症状　该病在玉米各生育期均可发生，以拔节期和灌浆期为主，生长后期不易发生。病菌主要侵染叶鞘、叶片和果穗，严重时能侵染茎秆（图17）。菌丝最初侵染下部近地面的叶鞘，逐步向上侵染叶片和叶鞘。初期为灰绿色、灰白色水渍状不规则病斑，边缘浅褐色或暗绿色。病斑很快扩展汇合形成不规则云纹状枯斑，向植株上部蔓延（图18）。茎秆受害

图17　茎秆被害状

图18　叶部病斑

后，在表皮形成不规则褐色病斑，内部组织解体、纤维束游离、质地松软，后期植株容易倒伏。果穗被害，除在苞叶上形成云纹状病斑外，还会导致雌穗籽粒灌浆不足，粒重下降，严重时果穗整个腐烂（图19）。发病后期病部形成球形或扁圆形颗粒状菌核，初期为白色，后期为土褐色到黑褐色（图20）。

玉米纹枯病

图19　果穗腐烂

图20　菌核

发生特点

病害类型	真菌性病害
病原	立枯丝核菌（*Rhizoctonia solani*）、禾谷丝核菌（*R. cerealis*）和玉蜀黍丝核菌（*R. zeae*）3种，均属担子菌无性型丝核菌属，其中立枯丝核菌为玉米纹枯病的主要致病菌 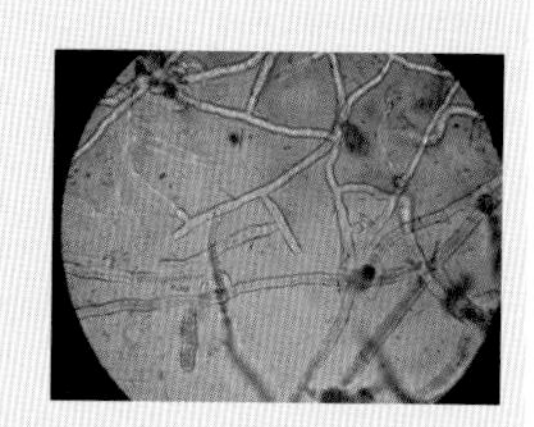 立枯丝核菌菌丝
越冬场所	病菌主要以菌丝体和菌核在病残体或土壤中越冬
传播途径	种子可以携带病菌远距离传播；菌核可以借助风雨、流水、农具、人畜等传播；菌丝体靠接触蔓延进行短距离传播为害
发病原因	土壤中残留的越冬菌核数量多，发病越重；纹枯病是一种喜温、喜湿的病害，温度为26～30℃，湿度达到80%以上时，利于病菌侵染发病；种植密度过大、重茬连作、氮磷钾肥施用不当发病重
病害循环	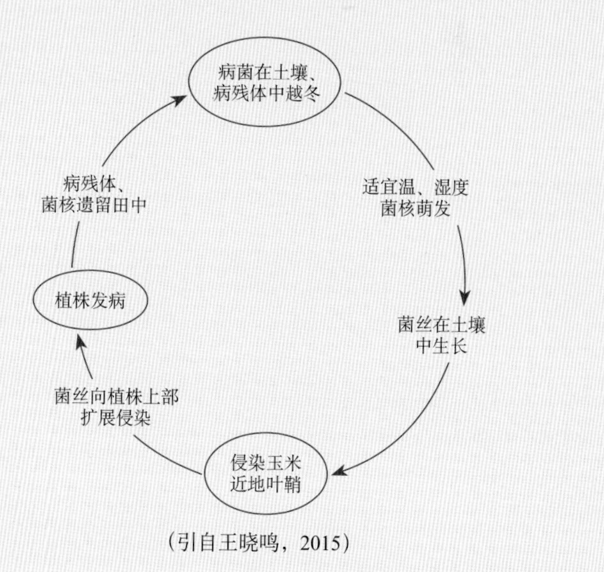 （引自王晓鸣，2015）

防治适期

预防性防治：拔节、抽雄期。

应急性防治：受害叶鞘位较低，病害发生初期。

防治方法

1. 种植抗病品种　多数品种对纹枯病的抗性在感病和高感水平，目前未见免疫品种，近年来审定的金博士885、隆单1701等品种对纹枯病的抗性达到抗病级别；主推品种中汉单777、津单288等达到中抗水平。

2. 加强田间管理　①合理密植。严格按照品种推荐密度种植。②科学施肥及灌溉。科学施肥提高玉米抗性，注意排水，降低田间湿度，创造不利于病菌发生的条件以减轻发病。③清除病残体。

3. 药剂防治　用含有效成分为噻呋酰胺的药剂包衣或用井冈霉素喷雾，如每100千克种子使用28%噻虫嗪·噻呋酰胺种衣剂570～850毫升，或24%井冈霉素水剂30～40毫升/亩喷雾，在纹枯病发生初期，间隔7～10天喷施1次，连喷2～3次。在玉米不同生育期和病害不同严重度下施药均有一定的防效。另外，芽孢杆菌、摩西球囊霉、绿色木霉、BG-2、哈茨木霉等生物制剂对玉米纹枯病均有一定的防治效果。

玉米鞘腐病

田间症状　该病病菌主要侵染叶鞘组织，发病严重时也侵染茎部（图21）。发病初期，病斑多为水渍状不规则斑点；逐渐扩展为黄褐色、灰褐色、红褐色或黑褐色的圆形、椭圆形或不规则病斑，干腐或湿腐。多个病斑常连片形成不规则大斑，蔓延至整个叶鞘，致叶鞘干枯，最终导致叶片干枯（图22）、果穗瘦小、产量降低。高湿条件下病部可见白色、粉红色、橘红色、灰黑色霉层（图23）。

图21　茎部症状

图22　叶鞘干枯

图23　白色霉层

发生特点

病害类型	真菌性病害
病原	由多种病原菌引起，主要致病菌为层出镰孢菌（*Fusarium proliferatum*），属子囊菌无性型镰孢属
越冬（夏）场所	病菌以菌丝体或孢子在病残体、土壤或种子上越冬
传播途径	病菌随风雨传播，也可通过种子携带传播
发病原因	虫伤、高温高湿、多雨天气有利于病害流行
病害循环	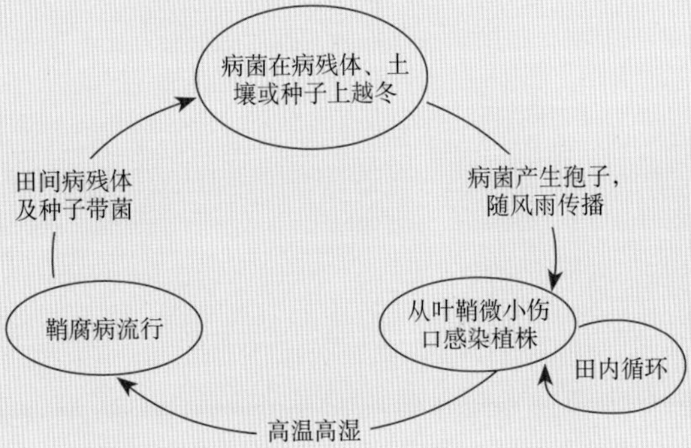 病菌在病残体、土壤或种子上越冬 → 病菌产生孢子，随风雨传播 → 从叶鞘微小伤口感染植株（田内循环） → 高温高湿 → 鞘腐病流行 → 田间病残体及种子带菌 → 病菌在病残体、土壤或种子上越冬

防治适期 拔节期到9叶期。

防治方法

1. 选种抗病品种　在常发区和重发区，避免种植感病品种。

2. 农业防治　①科学灌溉。完善田间灌水排水设施，防止干旱和水涝，在雨后及时排水，避免田间湿度长期居高不下。②合理施肥。适当增施有机肥和磷、钾肥，玉米生长后期减少氮肥的用量。③轮作。重发地块可与大豆、花生、马铃薯等农作物轮作，减少重茬玉米种植面积，可以有效减轻病害的发生。

3. 化学防治　目前无登记的化学药剂，在发病初期给玉米茎秆喷多菌灵、咯菌腈等有效成分药剂，7 ~ 10天一次，连喷2 ~ 3次。同时注意防治蚜虫等害虫，避免造成伤口被病菌侵染，可使用含吡虫啉、噻虫嗪等有效成分的种衣剂包衣。

玉米细菌叶斑病

田间症状 该病病菌主要侵染叶部（图24），发病初期叶片上常常出现水渍状斑点，后续病斑扩展方向与叶脉平行；随着病害发展，病斑逐渐扩大，呈现出黄色、褐色、灰色或白色病斑，病斑为圆形、椭圆形、条形或者形状不规则，个别带有黄色晕圈或褪绿晕圈，后期病斑可相互融合形成大面积的坏死斑。病部切面镜检有明显的菌溢现象，个别病斑伴有臭味。

图24　叶部症状

发生特点

病害类型	细菌性病害
病原	多种细菌可引起该病，主要有稻叶假单胞菌（*Pseudomonas oryzihabitans*）、丁香假单胞菌丁香致病变种（*Pseudomonas syringae* pv. *syringae*）、菠萝泛菌（*Pantoea ananatis*）、巨大芽孢杆菌（*Bacillus megaterium*）
越冬越夏场所	细菌可在种子或者病残体上越冬，有些种的细菌也可在土壤中越冬
传播途径	通过风雨、流水、昆虫等传播。发病后，病原菌主要在叶片维管束内繁殖和移动，但是植株间的相互传播较少
发病原因	多雨高湿、排水不良、虫害严重、土壤板结均有利于该病害的发生
病害循环	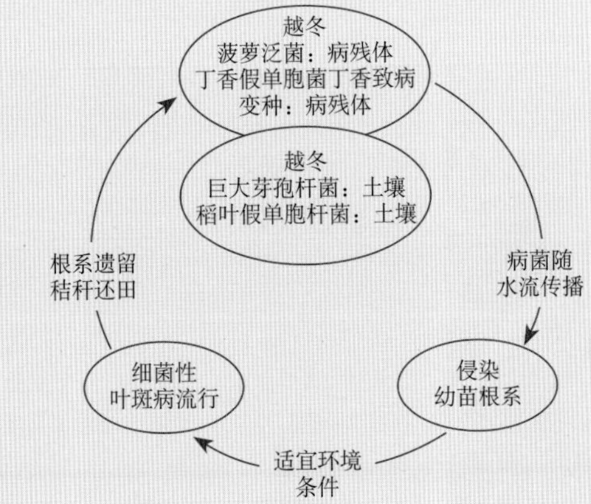 越冬 菠萝泛菌：病残体 丁香假单胞菌丁香致病变种：病残体 越冬 巨大芽孢杆菌：土壤 稻叶假单胞杆菌：土壤 病菌随水流传播 侵染幼苗根系 适宜环境条件 细菌性叶斑病流行 根系遗留秸秆还田 （引自王晓鸣，2015）

防治适期

发病初期。

防治方法

1\. 种植抗病品种　由于目前仍缺少防治细菌性病害较好的药剂，所以选用抗病品种依旧是最有效的防治方法。

2\. 农业防治　①及时清除田间病株、消灭害虫。②合理轮作。与其他非禾本科作物轮作。③合理灌溉。在田间开沟设渠，避免田间积水。④科学施肥。使用充分腐熟的农家肥，勿偏施氮肥，增施磷、钾肥。⑤尽量减少玉米因农事操作造成的机械损伤。

3\. 药剂防治　目前无登记的药剂，可用有效成分为春雷霉素、中生霉素、菌毒清、吡啶核苷类的药剂，每隔7 ~ 10天喷1次，连喷2次，对病害有控制作用。如发现发病中心或较严重地块，可采取将发病部位摘除带到田外深埋，并立即采取整株喷药的措施。

玉米细菌性顶腐病

田间症状 在玉米抽雄前均可发生。若病害发生较早，则造成心叶快速腐烂干枯形成枯死苗（图25A）；病菌侵染心叶叶尖后造成其失绿，且呈透明状，随后叶尖组织褐色腐烂，并沿叶尖边缘向下扩展；侵染心叶基部使其呈水浸状腐烂，形成褐色或黄褐色不规则病斑（图25B），腐烂部有黏液且散发臭味，严重时用手能够拔出整个心叶；轻病株心叶内部轻微腐烂，随心叶抽出而变为干腐（图25C、D），严重时多个叶尖黏合在一起使心叶扭曲不能展开（图25E），影响抽雄或引起雄穗腐烂，也会影响雌穗形成。

图25　心叶症状

A枯死苗　B不规则病斑　C、D微腐、干腐　E扭曲不能展开

发生特点

病害类型	细菌性病害
病原	肺炎克雷伯氏菌（*Klebsiella pneumoniae*）、铜绿假单孢菌（*Pseudomonas aeruginosa*）、鞘氨醇单胞菌（*Sphingomonas* sp.）、粘质沙雷氏菌（*Serratia marcescens*）
越冬越夏场所	病菌可在种子、土壤或者病残体上越冬
传播途径	通过风雨传播以及带菌种子调运人为传播或伤口侵入
发病原因	害虫等造成的伤口利于病菌侵入，高温高湿有利于病害流行，该病害多出现在雨后或田间灌溉后，且低洼或排水不畅的地块发病较重
病害循环	越冬病残体、带菌土壤、带菌种子 → 高温高湿环境 → 气孔、水孔、伤口侵入 → 病菌在组织内快速繁殖 → 细菌性顶腐病流行 → 秋季随病残体遗落田间或带菌种子调运 → 越冬病残体、带菌土壤、带菌种子 （引自王晓鸣，2015）

防治适期 雨后发病初期。

防治方法

1. 选用抗病品种　选种抗病品种是防治细菌性顶腐病的首要措施，也是最经济有效的措施。

2. 农业防治　①及时清除并销毁田间病株。②重病田进行轮作倒茬。③防治害虫，避免造成伤口被细菌侵染。④大雨或灌溉后，地势低洼的田块及时排水，降低田间相对湿度，避免出现利于病害流行的高温高湿环境。⑤对于发病较轻的植株，用刀纵向剖开扭曲心叶，确保雄穗正常抽出。

3. 化学防治　目前无登记的化学药剂，在发病初期可用嘧啶核苷类抗菌素、多菌灵、代森锰锌等的药剂喷雾，可控制病害的进一步发展。

玉米丝黑穗病

田间症状 玉米丝黑穗病是系统侵染病害，病菌在土壤中主要通过发芽种子的芽鞘侵入。部分病株在苗期即可发病，表现为植株矮化、丛生、心叶扭曲、叶色浓绿、叶片上有黄白色纵向条纹等（图26）。大部分病株直到穗期才表现症状。病株果穗短粗、无花丝（图27A），剥开苞叶后可见黑粉状物质，即病菌冬孢子（图27B），去除黑粉，露出丝状组织（图27C）。有的雌穗内部呈气生根状，无花丝或少花丝（图27D）。雄穗受害后小花变为黑粉包，后期散出大量黑粉（图27E、F）。

玉米丝黑穗病

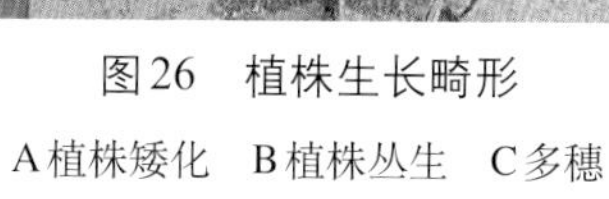

图26　植株生长畸形

A植株矮化　B植株丛生　C多穗

图27　果穗症状

A果穗短粗、无花丝　B冬孢子　C丝状组织
D雌穗内部呈气生根状　E、F雄穗受害后小花变为黑粉包

发生特点

病害类型	真菌性病害
病原	丝孢堆黑粉菌（*Sporisorium reilianum*）属担子菌门孢堆黑粉菌属 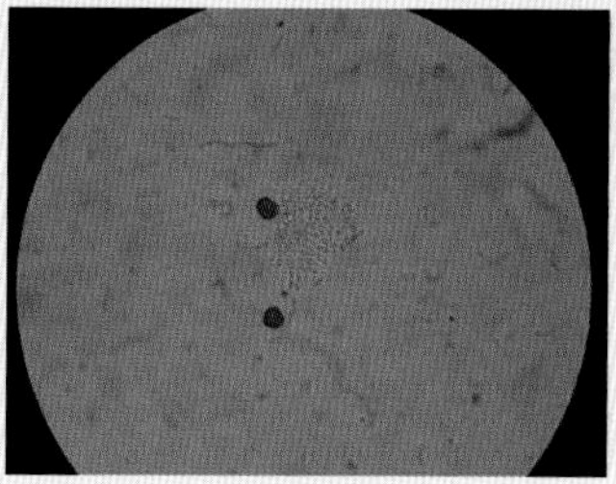 冬孢子
越冬（夏）场所	病菌以冬孢子在土壤、种子或病残体上越冬
传播途径	病原菌冬孢子可附着在种子上远距离传播，或掉落在土壤中随雨水、风、气流等短距离传播
发病原因	春季低温干旱易引起丝黑穗病大发生
病害循环	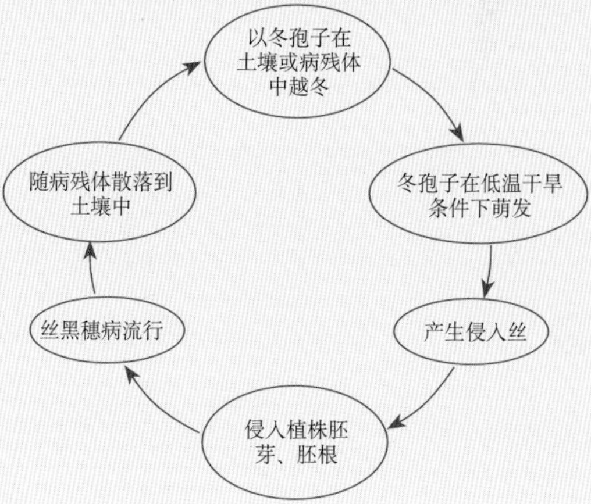 以冬孢子在土壤或病残体中越冬 冬孢子在低温干旱条件下萌发 产生侵入丝 侵入植株胚芽、胚根 丝黑穗病流行 随病残体散落到土壤中

防治适期 以预防为主，播种期防治。

防治方法

1. 选用抗病品种　品种间抗性差异显著，选用抗病品种是防治的关键。抗性自交系有PN78599中的齐319、和P138、旅大红骨群中的F349和Lancaster群中的Mo17等。目前生产上主推品种对丝黑穗病的抗性均较好，如先玉696、先玉1801、京科968、农华101、天育9518、吉农大619、辽单16、吉单618和鲁单6006等。在丝黑穗病常发区，应首先选择种植适合当地的抗病丰产品种，尽快淘汰感病品种。

2. 农业防治　①减少菌源。在病害常发区和重病区，收获后清除病残体，以减少越冬菌源数量。②合理轮作和倒茬。在发病区，与豆类、薯类或瓜菜类作物采取3年以上的轮作倒茬措施。

3. 化学防治　种子包衣防治效果显著，每100千克种子可选用15%烯唑·福美双种衣剂2 500 ～ 3 333毫升、6%戊唑醇种衣剂100 ～ 200克、28%灭菌唑种衣剂100 ～ 200毫升、3%苯醚甲环唑种衣剂333 ～ 400毫升、10%精甲霜灵·戊唑醇·嘧菌酯种衣剂200 ～ 300毫升和4. 23%甲霜·种菌唑微乳剂200 ～ 400毫升等。

温馨提示

烯唑醇类种衣剂在低温及播种较深时（普通玉米的播种深度为5 ～ 8厘米），易产生药害，影响地中茎（胚轴）的伸长，导致叶鞘不能出土，叶片在地下展开。

玉米瘤黑粉病

田间症状　该病病菌主要侵染玉米幼嫩的分生组织，并在病部形成菌瘿。菌瘿可以在玉米植株的任何部位形成，如叶片、叶鞘、苞叶、茎秆、雌穗、雄穗及气生根等（图28A ～ E）。以雌穗上的菌瘿对产量影响最大。植株最早在3 ～ 6叶期即可显示症状（图28F），苗期发病往往造成死苗。菌瘿最初为米粒大小，呈白色、浅绿色（图28G）；逐渐膨大为不规则瘤状，肉质，表面灰白色（图28H）；后期菌瘿开裂，散出灰黑色粉末状的冬孢子（图28I）。

06
玉米瘤黑粉病（玉米黑粉病）

图28　菌瘿

A叶部菌瘿　B苞叶部菌瘿　C茎秆部菌瘿　D雌穗部菌瘿　E雄穗部菌瘿　F 3 ～ 6叶期症状　G初期菌瘿　H中后期菌瘿　I冬孢子

发生特点

病害类型	真菌性病害
病原	玉蜀黍瘿黑粉菌（*Mycosarcoma maydis*）属担子菌门瘿黑粉菌属 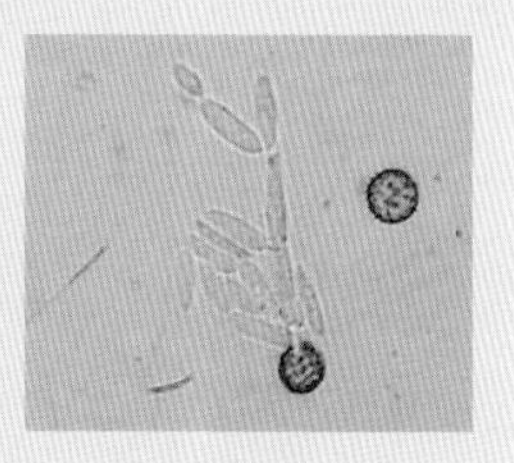 冬孢子
越冬（夏）场所	病菌以冬孢子形式在土壤、种子、粪肥及病残体上越冬
传播途径	种子可携带冬孢子远距离传播，冬孢子越冬后，在第二年合适的温度下萌发产生担孢子和次生担孢子随风雨、昆虫、农事操作等途径传播到玉米上，一个生长期可进行多次侵染
发病原因	苗期遭遇虫害或暴风雨易造成植株产生大量伤口，从而导致发病加重；植株生长期间干湿交替使生长分生阶段延长，利于侵染发病；连作、密植、秸秆还田、氮肥偏施过量、灌溉间隔时间长都会使瘤黑粉病加重
病害循环	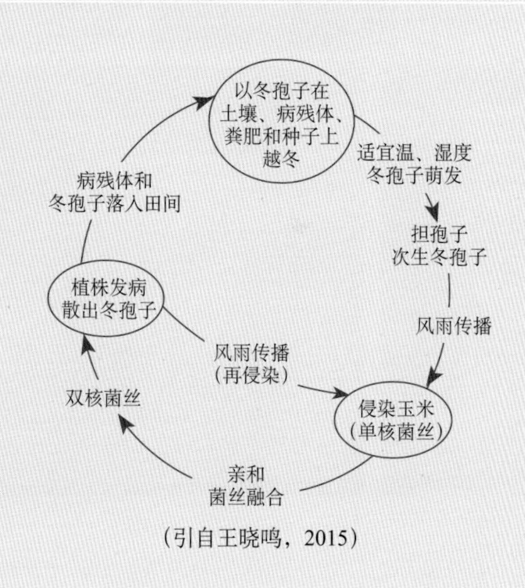 （引自王晓鸣，2015）

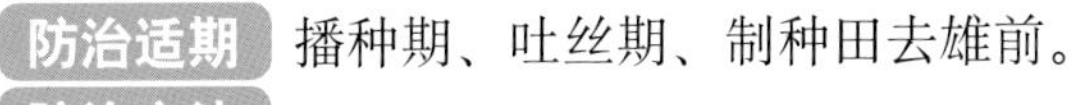

防治适期 播种期、吐丝期、制种田去雄前。

防治方法

1. 种植抗性品种　品种间抗病性差异明显，一般杂交种比自交系抗性好；硬粒型玉米较抗病，马齿型次之，甜玉米较感病。目前抗瘤黑粉病的玉米品种极少，可选择田间表现较好的品种种植，如农大108、农大84、郑单958、太平洋891、LD901、辽单565、沈单16、安玉5号、酒单3号、酒单4号、正大618、沈丹16、风育88、SN386、SN502和田旺TW589等。

2. 农业防治　①减少田间病源。冬耕春翻，秋种地深翻，春种地冬犁，是杀死残留在土壤中病菌最有效方法，秋翻可将落在地表的病菌深埋入土中，使病菌不能接触寄主，冬犁可将病菌暴露在空气中，低温可杀死病菌。在发病田玉米收获后，及时清除田间的病残体，带出田外销毁，不用病残体沤肥，减少翌年的初侵染病源。②科学施肥。不要偏施氮肥，以免造成植株徒长，幼嫩，易感病。增施磷钾肥，也可施用锌、硼等微量肥料。③合理灌溉。在玉米抽雄前后，适时灌溉，保证水分充足。④轮作倒茬。在病害严重地块，可与大豆、小麦、马铃薯进行轮作，以减少土壤中病菌，减少发病。⑤及时防治田间虫害。重点防治玉米螟，避免虫害造成的伤口，降低发病率。

3. 化学防治　玉米播种前可进行种衣剂包衣处理，有一定的防治效果，目前无登记的化学药剂，可用含有效成分为氟唑环菌胺、福美双的药剂拌种；玉米抽雄前期也可用有效成分为苯醚甲环唑或丙环唑等三唑类药剂进行喷治。

易混淆病害 玉米丝黑穗病容易和玉米瘤黑粉病相混淆，田间病害识别时要重点关注以下区别。

区　别	玉米丝黑穗病	玉米瘤黑粉病
发病时期	苗期、抽雄后	整个生育期
发病部位	雌穗、雄穗或者整株畸形	叶片、叶鞘、茎秆、苞叶、气生根、雄穗、雌穗
扩展范围	系统侵染性病害，病菌从胚芽和根部侵入，到玉米抽穗后才出现典型的黑粉症状	局部侵染性病害，受害部位会出现形态各异的菌瘿
再侵染循环	无	有

玉米茎腐病

田间症状 玉米茎腐病发生在茎秆基部节位，一般在乳熟后期开始显症，基部茎节坏死导致地上部死亡，可造成严重的产量损失。有两种典型症状：①青枯型。主要由腐霉菌引起。植株叶片呈青灰色干枯，进而整株枯死。茎基部发黄变褐，手捏松软，剖开后可见髓组织分解，只残存维管束组织，湿度大时伴有白色菌丝，根系水渍状腐烂，果穗倒挂，籽粒干瘪（图29A ~ C）。②黄枯型。主要由镰孢菌引起。病株叶片自下向上逐渐失水变黄，枯死，果穗倒挂，籽粒灌浆不足、秃尖增长；茎基部呈黄色至褐色，内部组织腐烂，维管束呈丝状；根系粉红色到黑褐色腐烂破裂，须根减少（图29D ~ F）。

禾顶囊壳玉米变种引起的茎腐病也叫全蚀病，病株叶片变黄干枯，茎秆松软，根系褐色至黑褐色腐烂，根皮变黑呈现黑膏药状和黑脚状，病部可见黑色颗粒状的子囊壳（图29G、H）。

玉米茎腐病

发生特点

病害类型	真菌性病害
病原	由一种或几种病原菌复合侵染引起，我国主要为腐霉菌（*Pythium* spp.）和镰孢菌（*Fusaritun* spp.），部分地区还存在禾顶囊壳玉米变种（*Gaeumannomyces graminis* var. *maydis*）和直帚枝杆孢（*Sarocladium strictum*）
越冬（夏）场所	病菌主要以菌丝体或孢子在病残体、土壤和种子上越冬
传播途径	病菌主要借助风雨、流水等传播为害
发病原因	暴雨后突然转晴，土壤湿度过大，气温剧升，利于茎腐病发生；秸秆还田使土壤积累大量病菌，导致翌年茎腐病加重；玉米种植密度过大、排水不良、有机肥施用量少等都会加重茎腐病的发生
病害循环	以菌丝体或孢子在病残体、土壤或种子上越冬 → 病菌产生孢子，随气流或风雨传播 → 侵染植株（田内循环） → 高温高湿 → 茎腐病流行 → 田间病残体及玉米发病秸秆 → 以菌丝体或孢子在病残体、土壤或种子上越冬

图29　玉米茎腐病症状

A～C青枯型　D～F黄枯型　G、H禾顶囊壳玉米变种引起的茎腐病症状

防治适期 播种期。

防治方法

1. 种植抗病品种　生产上推广的许多品种对茎腐病具有较好的抗性，可根据种子产品包装上的审定公告中的品种抗性酌情选择。

2. 农业防治　①减少菌源。在病害常发区和重病区，应在玉米收获后，及时将农田内外的病残体组织清除，集中处理或粉碎深翻，以减少来年初侵染源。②科学施肥。增施钾肥和锌肥，避免氮肥过量，穗期喷施液体肥，避免植株早衰。③合理灌溉。完善田间灌水排水设施，防止干旱和水涝，在雨后及时排水，避免田间湿度长期居高不下。

3. 化学防治　根据病菌不同，选择不同种衣剂精准防治。防治腐霉菌使用含有效成分为精甲霜灵、甲霜灵的种衣剂，如每100千克种子选用10%精甲霜灵种衣剂114 ～ 153毫升、20%精甲霜灵种衣剂53 ～ 76克。防治镰孢菌使用含有效成分为咯菌腈、嘧菌酯、吡唑嘧菌酯、种菌唑和福美双的种衣剂，如每100千克种子用25克/升咯菌腈种衣剂100 ～ 200毫升、18%吡唑嘧菌酯种衣剂22 ～ 38毫升。防治腐霉菌和镰孢菌时选择有效成分为精甲霜灵和咯菌腈的复合种衣剂，如每100千克种子用35克/升精甲·咯菌腈种衣剂100 ～ 200毫升、11%精甲·咯·嘧菌种衣剂100 ～ 450毫升，可降低部分发病率。

玉米穗腐病

田间症状 玉米穗腐病有多种，主要表现为籽粒和果穗腐烂，其表面覆盖各色霉层，严重时可造成穗轴或者整个果穗腐烂。不同病菌引起的玉米穗腐病田间症状存在差异，常见的主要有以下几种：

1. 禾谷镰孢穗腐病　籽粒表面覆盖粉色至紫红色霉层，穗轴腐烂。发病较重时，籽粒与苞叶黏在一起不易剥离，苞叶外部常可见蓝黑色点状子囊壳（图30）。

2. 其他镰孢穗腐病　以拟轮枝镰孢穗腐病为典型代表（图31）。发病轻时籽粒表面可见白色放射状条纹或褐色斑点，随着病情加重，发病籽粒褐色或者干瘪，无光泽，表面覆盖白色霉层，多在穗尖或虫口附近发生，发病较重时，整个果穗腐烂，籽粒和苞叶黏在一起且均覆盖白色霉层。

3. 曲霉穗腐病　发病籽粒表面或籽粒间覆盖黄绿色棒状或近球状物、黑色霉状物，发病籽粒松动，易脱落（图32）。

4. 青霉穗腐病　籽粒表面和籽粒间呈现灰色或灰绿色霉层，籽粒表皮发白，内部质地不紧实，严重时穗轴腐烂（图33）。

5. 木霉穗腐病　多为整个果穗发病，苞叶、籽粒和穗轴上覆盖大片白色或绿色霉层，严重时苞叶和籽粒黏在一起，有时发病籽粒萌发长出穗芽（图34）。

图30　禾谷镰孢穗腐病症状

图31　拟轮枝镰孢穗腐病症状

图32　曲霉穗腐病症状

图33　青霉穗腐病症状

图34　木霉穗腐病症状

6.蠕孢菌穗腐病　发病籽粒为灰褐色，表面覆盖白色或灰黑色霉层，也可侵染穗轴，使其组织松散、变黑（图35）。

7.细菌性穗腐病　发病果穗苞叶上可见水渍状不规则病斑，剥开苞叶，可见果穗腐烂散发臭味，籽粒变为乳白色至褐色（图36）。发病严重时，穗柄和穗轴病部组织疏松，可见菌脓溢出。

图35　蠕孢菌穗腐病症状

图36　细菌性穗腐病症状

发生特点

病害类型	真菌性和细菌性病害
病原	目前，已报道引起玉米穗腐病的病菌多达40余种，在我国常见的有以下几种：拟轮枝镰孢（*Fusarium verticillioides*）、禾谷镰孢（*F. graminearum*）、绳状青霉（*Penicillium funiculosum*）、黄曲霉（*Aspergillus flavus*）、哈茨木霉（*Trichoderma harzianum*）等
越冬（夏）场所	病菌在种子、土壤、病残体及其他寄主上越冬
传播途径	病残体上或周围杂草上病菌的孢子通过风雨传播
发病原因	生长后期降水量大、湿度高的条件有利于镰孢菌的生长和繁殖，害虫为害果穗也会使病害发病加重；种植密度过大、肥力不足、水涝等会增加侵染概率；害虫或鸟对籽粒造成伤口会加大黄曲霉侵染概率；连续降雨会加重籽粒霉变
病害循环	土壤、种子或病残体上产生大量分生孢子 风雨传播 通过植株根、茎传播至果穗 通过花丝通道、伤口侵染果穗 多雨潮湿 穗腐病流行 病菌在病残体、土壤、种子上越冬 温、湿度适宜

防治适期

预防性防治：抽雄前。

应急性防治：吐丝期。

防治方法

1. 种植抗病品种　生产上的品种对禾谷镰孢的抗性均较差，大部分在感病和高感之间。对拟轮枝镰孢的抗性普遍较好，以中抗为主；对黄曲霉的抗性以高抗和抗病为主；对哈茨木霉、绳状青霉的抗性有待进一步检测。生产上创玉107、安玉308、中科玉505、冀农168、伟科966、农华106、农华208等对穗腐病有较好抗性。

2. 农业防治　①合理密植。根据品种公示密度合理密植，保证良好的通风条件。②科学施肥。适时追肥，提高植株对病原菌的抗性。③收获后及时晾晒，降低籽粒含水量。④减少病源。收获后进行20～30厘米深耕，以清除杂草和病残体。

3. 药剂防治　目前无登记的化学药剂，在玉米吐丝期，可以用含有异菌脲、井冈霉素、代森锰锌、苯并咪唑、甲基硫菌灵、苯醚甲环唑、噻呋酰胺、戊唑醇、咪鲜胺、恶霉灵等有效成分的药剂喷雾。喷施杀菌剂的同时喷施杀虫剂（如氯虫苯甲酰胺）防治穗部害虫，减少伤口，能降低穗腐病的发病率。玉米播种前用含棘孢木霉可湿性粉剂或种衣剂处理对玉米穗腐病有一定防效。

玉米线虫矮化病

田间症状　该病主要发生在苗期，在2叶1心期地上部即可表现症状，4～5叶期症状表现明显。植株矮缩或丛生，叶片沿叶脉方向出现黄色或白色的褪绿条纹（图37A），有的植株叶片皱缩扭曲，有的植株叶鞘或叶缘发生锯齿状缺刻（图37B、C）；拔出植株，剥去外部叶鞘后，茎基部组织呈纵向或横向开裂，内部中空，呈虫道状，纵剖后观察撕裂组织呈明显对合，有别于一般害虫的钻蛀为害状（图37D～G）。大部分植株茎节缩短膨大，不结实或果穗瘦小，少数发病轻的植株后期可恢复生长，但植株相对矮小，果穗发育不良。

图37　苗期症状

A 4 ～ 5叶期症状　B、C 植株叶片皱缩扭曲　D ～ G 茎部组织虫道状撕裂

发生特点

病害类型	线虫性病害
病原	长岭发垫刃线虫（*Trichotylenchus changlingensis*）属垫刃目锥科发垫刃属
越冬越夏场所	以卵和二龄幼虫在植株残体、土壤、粪肥或者田间其他寄主植物根系上越冬
传播途径	线虫可随土壤、植物材料、灌溉水、农事操作等传播
发病原因	土壤中长岭发垫刃线虫数量和发病率密切相关，低温干旱有利于该病发生

防治适期 播种期。

防治方法

1. 选育利用抗病品种　玉米品种间对玉米线虫矮化病的抗性差异显著，可以利用抗病品种进行该病的防治，如吉单27、龙单49、龙单29、龙单46、龙丰2、合玉21、大民3309、先玉335等。

2. 农业防治　①合理轮作。用寄主作物与非寄主作物轮作，减少田间病源，降低矮化病的发病率。②及时清理田间病源。玉米收获后，及时清理田间的带病植株残体、杂草，并进行无害化处理；耕翻土壤，将线虫的幼虫和卵翻到土壤表层，在阳光的暴晒下将其杀灭。③水淹处理。线虫的生长与发育需要充足的空气，在农闲季节，水淹土层10厘米以上，保持土壤淹水40天以上，能使二龄幼虫和卵窒息死亡。

3. 化学防治　种子包衣是防治玉米线虫矮化病的有效措施之一。目前无登记的化学药剂，可以用含有氟吡菌酰胺、噻唑膦、丙硫克百威等有效成分的药剂对玉米进行包衣处理，田间防效明显。

玉米根结线虫病

田间症状 发病植株生长迟缓，植株矮小，地上部分表现出的症状与缺素症相似，下部叶片从叶尖、叶缘开始萎蔫变黄，严重时叶片枯死，继而整株叶片自下而上逐渐变黄（图38A）。根组织发育畸形，侧根短粗并明显增多（图38B），在须根或侧根上形成类球形、圆锥形或不规则形状大小不等的白色瘤状物，有的呈念珠状，即“根结”（图38C）。根结上又可长出细弱的新根，再度受线虫侵染。侵染后期的玉米根部会发生腐烂，植株穗小或结实不良，严重的早衰枯死。

图38　根部症状

A植株枯黄　B侧根增多　C典型症状——根结

发生特点

病害类型	线虫病害
病原	南方根结线虫（*Meloidogyne incognita*）垫刃亚目异皮科根结线虫属
越冬场所	南方根结线虫以卵和二龄幼虫在病残体、土壤、粪肥或者田间其他寄主植物根系上越冬
传播途径	南方根结线虫可通过带虫苗木、土壤、水流和人为因素传播
发病原因	平均地温 25 ～ 30℃，土壤中适宜的含水量有利于南方根结线虫卵的孵化和二龄幼虫的活动；结构疏松透气性好、含盐分较低的土壤，最适合线虫的活动，有利于病害的发生；连作严重的地块发病严重
	南方根结线虫以卵和二龄幼虫在病残体、土壤、粪肥或者田间其他寄主植物根系上越冬 卵孵化并发育至二龄幼虫 根系分泌物引诱二龄幼虫（侵染期幼虫）从寄主根系侵入 幼虫在根系内发育为雌成虫，并在卵囊内产卵，形成再侵染 雨水、农事操作 根结线虫病流行 卵、二龄幼虫散落在土壤中

防治适期 播种期、苗期。

防治方法

1. 植物检疫　切断南方根线虫传播途径，是防止该病大范围蔓延的有效措施。加强国际、国内种苗、植物产品、带土材料和包装材料等物品的检验检疫工作。

2. 选育利用抗病品种　种植抗病品种是防治根结线虫病最经济有效的

方法，合理利用抗病品种才能延缓品种抗性的丧失。

3. 农业防治　①合理轮作。用寄主作物与非寄主作物进行轮作，是防治根结线虫的有效措施之一。②土壤改良。施用腐熟的农家肥，能增加土壤的盐浓度和阳离子交换量，对南方根结线虫的生长产生很多不利的影响。田间适量施用草木灰，能降低土壤线虫种群密度。在适宜根结线虫生存的土壤环境中（pH4 ~ 8），适当施用一些碱性肥料（如碳酸氢氨、生石灰、氨水），能改变土壤的物理性状，在增加肥效的同时影响线虫虫卵的正常孵化、活动和生存行为，有效地控制根结线虫病，保护生态环境。③及时清理田间病源。玉米收获后，及时清理田间的带病植株残体、杂草，并进行无害化处理；在干旱的季节，每2 ~ 4周进行一次土壤耕翻，将线虫的幼虫和卵翻到土壤表层，在阳光的暴晒下将其杀灭。④水淹处理。在农闲季节，用水灌溉土壤，水淹土层10厘米以上，保持土壤淹水40天以上，能使根结线虫二龄幼虫和卵窒息死亡。

4. 药剂防治　玉米种植前一周用棉隆等土壤熏蒸剂做土壤处理。目前无登记的化学药剂，可以用含有阿维菌素、印楝素、噻唑膦等有效成分的药剂沟施、灌根或包衣。

PART 2

虫　害

蚜虫

分类地位 为害玉米的蚜虫主要有玉米蚜（*Rhopalosiphum maidis*）和禾谷缢管蚜（*Rhopalosiphum padi*），均属半翅目蚜科缢管蚜属，俗称腻虫。

为害特点 蚜虫在玉米整个生育期均可为害。若蚜、成蚜常群集于叶鞘、叶背、心叶、花丝和雄穗刺吸汁液为害（图39）。分泌物常在被害部位引起煤污病，影响光合作用；雄穗受害严重时影响授粉，导致果穗瘦小，灌浆不足，秃尖较长。玉米蚜也是病毒的载体，可传播玉米矮花叶病毒和红叶病毒，造成严重损失。

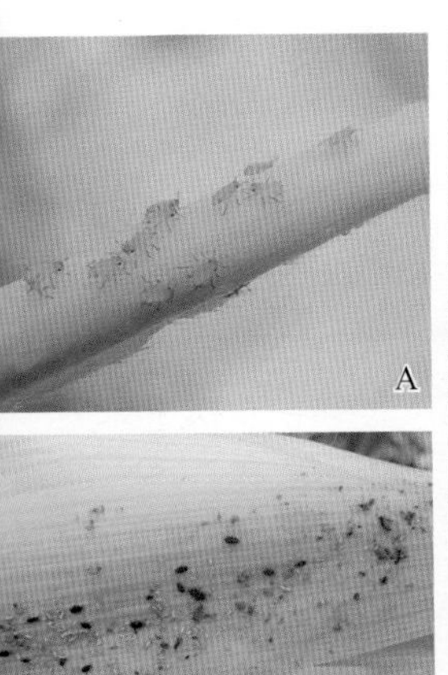

图39　玉米蚜虫为害玉米

A ～ C玉米蚜为害状　D禾谷缢管蚜为害状

玉米蚜

形态特征

1. 玉米蚜

有翅胎生雌蚜：体长1.6 ～ 2.0毫米，长卵形，深绿色或墨绿色，无显著粉被。头、胸部黑色发亮，复眼红褐色；触角6节，长度为体长1/2，第3 ～ 5节具次生感觉圈。翅展5.5 毫米，翅透明，前翅中脉分为3叉。第3 ～ 4腹节两侧各具1个黑色小点，腹管为圆筒形，上具覆瓦状纹，端部呈瓶口状。尾片圆锥状，每侧各具2根刚毛。足黑色（图40A）。

无翅孤雌蚜：长卵形，体长1.8 ~ 2.2毫米，暗绿色，被薄白粉。复眼红褐色。触角6节，长度为体长1/3，第3 ~ 5节无次生感觉圈。附肢黑色，腹管长圆筒形，具覆瓦状纹。尾片圆锥状，具4 ~ 5根刚毛（图40B）。

图40 玉米蚜

A有翅胎生雌蚜 B无翅孤雌蚜

2.禾谷缢管蚜

有翅孤雌蚜：体长2.1毫米，头、胸部黑色，腹部为墨绿色或深绿色。翅中脉3支，分岔较小，触角第3节上有小圆至长圆形次生感觉圈19 ~ 28个（图41A）。

无翅孤雌蚜：体长2毫米，橄榄绿色至墨绿色，触角长度为体长的2/3。腹部基部有褐色或铁锈色斑，腹管圆筒形，端部缢缩呈瓶口状，为尾片长度的1.7倍。尾片长圆锥状，长0.1毫米，中部收缩，上有4根曲毛（图41B）。

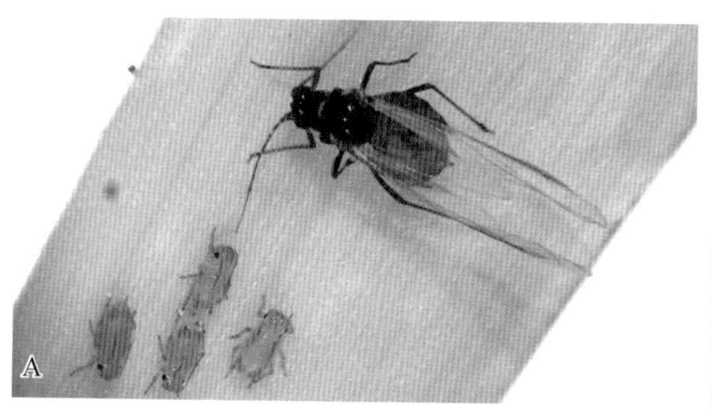

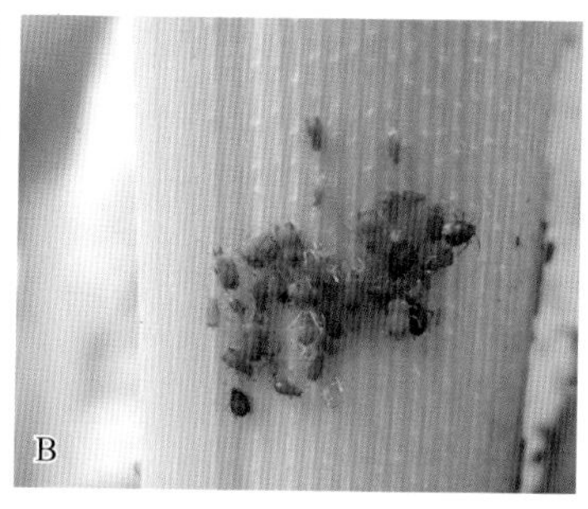

图41 禾谷缢管蚜

A有翅孤雌蚜 B无翅孤雌蚜

发生特点

发生代数	玉米蚜1年发生8 ～ 20代；禾谷缢管蚜从北到南1年发生10 ～ 20代
越冬方式	玉米蚜主要以成、若蚜在小麦或禾本科杂草的心叶、叶鞘内或根际处越冬；禾谷缢管蚜在南方温暖地区以胎生雌蚜的成、若虫越冬，在北方寒冷地区以卵越冬
发生规律	玉米蚜高温干旱年份易发生，翌年以有翅蚜迁飞至玉米心叶上为害，玉米抽雄后，开始为害雄穗 禾谷缢管蚜生活周期存在全生活周期型与不全生活周期型。在北方寒冷地区，禾谷缢管蚜为异寄主全生活周期型，春、夏季均在禾本科植物上生活，以孤雌胎生的方式进行繁殖，秋末，在桃、杏、李等木本植物上产生性蚜，交尾产卵，翌年春季，卵孵化为干母，干母产生干雌，然后形成有翅蚜，由原生寄主转移到麦类作物和禾本科杂草上；在南方温暖地区，禾谷缢管蚜可全年行孤雌生殖，不发生性蚜世代，表现为不全生活周期型
生活习性	玉米蚜虫有较强的趋黄色和忌避灰白色的习性；禾谷缢管蚜喜湿，畏光，耐高温，但不耐低温

防治适期

预防性防治：播种前。

应急性防治：抽穗初期田间虫量达4 000头/百株，蚜株率50%以上。

防治方法

1. 农业防治　①及时清除田间地头禾本科杂草和小麦自生苗，减少向玉米田转移的虫源数量。②种植抗蚜玉米品种。

2. 化学防治　①常发区在播种前，可选用46%噻虫嗪悬浮剂、600克/升吡虫啉悬浮剂、20%氟啶虫酰胺悬浮剂、8%呋虫胺悬浮剂等按使用说明进行包衣处理。②应急性防治可选用25%噻虫嗪水分散粉剂6 000倍液、22%噻虫·高氯氟悬浮剂10 ～ 15毫升/亩、3%啶虫脒微乳剂80毫升/亩、50%抗蚜威可湿性粉剂2 000倍液等喷雾。

蓟马

分类地位　为害玉米的蓟马主要有黄呆蓟马（*Anaphothrips obscures*）、禾蓟马（*Franklinielle tenuicornis*）属缨翅目蓟马科，以及稻管蓟马

（*Haplothrips aculeatus*）属缨翅目管蓟马科。

为害特点 蓟马通常为害玉米心叶，若、成虫利用其锉吸式口器刮破幼嫩组织的表皮，并以口针吸取组织内汁液，苗期玉米受害较重。展开的叶片上有断续的银白色条斑，并伴有小污点。受害严重时，心叶卷曲成马尾状，伸展困难，且易感染细菌，发生细菌性顶腐病（图42）。

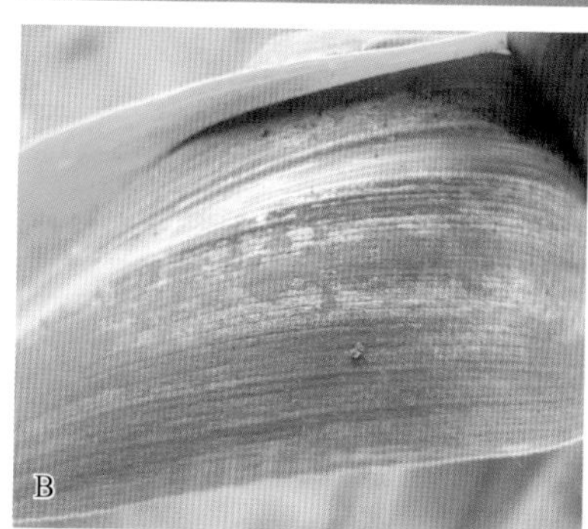

图42　蓟马为害状

A成若虫为害心叶　B被害叶片上的银白色条斑　C心叶卷曲

形态特征

1.黄呆蓟马

成虫：分为长翅型、半长翅型和短翅型，以长翅型最为常见。长翅型雌虫体长1.0～1.2毫米，黄色略暗。触角8节，颜色逐节加黑。前翅淡黄，长而窄，前脉鬃间断，绝大多数具2根端鬃，脉鬃弱小，缘缨长；第8节腹背板后缘梳完整，梳毛弱小，腹端鬃较长而暗（图43）。

卵：肾形，大小为0.3毫米×0.13毫米，乳白色至乳黄色。

若虫：初孵若虫小如针尖。二龄若虫乳青色或乳黄色，有灰斑纹；触角末端数节灰色；第9腹节4根背鬃略呈节瘤状。三龄若虫（前蛹）头、胸、腹淡黄色，触角、翅芽及足淡白色，复眼红色。

蛹（四龄若虫）：翅芽较长，接近羽化时带褐色。

图43　黄呆蓟马成虫

2.禾蓟马

成虫：雌虫体长1.3～1.5毫米，灰褐色至黑褐色。头部长大于宽；触角8节，仅第3～4节黄色，各着生一叉状感觉锥；单眼间鬃长，着生于三角形连线外缘；前胸背板宽大于长，前胸有5对长鬃；翅淡黄色，前翅脉鬃连续，前脉鬃18～20根，后脉鬃14～15根；第8腹节背板后缘梳不完整；腿节顶端和全部胫节、跗节黄色至黄褐色（图44）。

图44　禾蓟马成虫

卵：肾形，大小0.3毫米×0.12毫米，乳黄色。

若虫：体似成虫，灰黄色，无翅。

3.稻管蓟马

成虫：雌虫体长1.4～1.8毫米，黑褐色至黑色，略有光泽。头长大于宽，口锥宽平截。触角8节，第1～2节黑褐色，第3节黄色，明显不对称。翅发达，中部收缩，呈鞋底状，无脉，有5～8根间插缨。腹部第2～7节背板两侧各具1对向内弯曲的粗鬃，第10节管状，肛鬃长于管的1.3倍，第9节长鬃明显短于管。前足胫节和跗节黄色（图45）。

卵：肾形，长0.3毫米，初为白色，后变黄色。

若虫：淡黄色，四龄若虫腹节具不明显红色斑纹。

图45　稻管蓟马成虫

发生特点

发生代数	1年发生1 ~ 10代
越冬方式	以成虫在禾本科杂草基部和枯叶内越冬
发生规律	翌年5月中下旬迁移到玉米上为害，春播和早夏播玉米田发生重
生活习性	有较强的趋光性和趋蓝性

防治适期 播种前及3叶期。

防治方法

1.农业防治 ①及时清除田间地头的禾本科杂草及枯叶，减少越冬虫口基数。②对于卷曲畸形的植株可剖开心叶顶端，帮助心叶抽出。

2.物理防治 可在玉米苗期用蓝板诱杀，每隔10米设置1块，色板距地面70 ~ 100厘米，略高于作物10 ~ 30厘米。

3.化学防治 用含有效成分为克百威、溴氰虫酰胺、噻虫嗪、吡虫啉的农药进行种衣剂包衣、拌种或喷雾。如可用20%福·克按药种比1 ： 40种子包衣，或每100千克种子与40%溴酰·噻虫嗪300 ~ 450毫升拌种；也可用10%吡虫啉可湿性粉剂、25%噻虫嗪水分散粒剂3 000 ~ 4 000倍液在心叶和叶背均匀喷雾。

叶螨

分类地位 我国为害玉米叶螨主要有截形叶螨（*Tetranychus truncatus*）、朱砂叶螨（*T.cinaabarinus*）和二斑叶螨（*T.urticae*）3种，均属蛛形纲真螨目叶螨科，俗称红蜘蛛。

为害特点 叶螨常聚集在玉米叶背刺吸取食，从植株下部叶片向中上部叶片为害，受害叶片初呈针尖大小的黄白色斑点，连片后形成失绿斑块，叶片变黄白色或红褐色，俗称“火烧叶”（图46），严重时整株枯死，造成减产。

图46　叶螨为害状

形态特征

1.朱砂叶螨

成螨：大小为（0.42～0.52）毫米×（0.28～0.32）毫米。雌螨椭圆形，夏型雌螨锈红色或红褐色，体两侧背面各有2个褐斑。冬型雌螨橘黄色，体两侧背面无褐斑（图47）。雄螨倒梨形，阳茎位于体末腹面（图48）。

卵：球形，直径0.13毫米，初呈微红色，渐变为锈红色至深红色。

幼螨：初孵幼螨近圆形，淡红色，长0.1～0.2毫米，足3对。

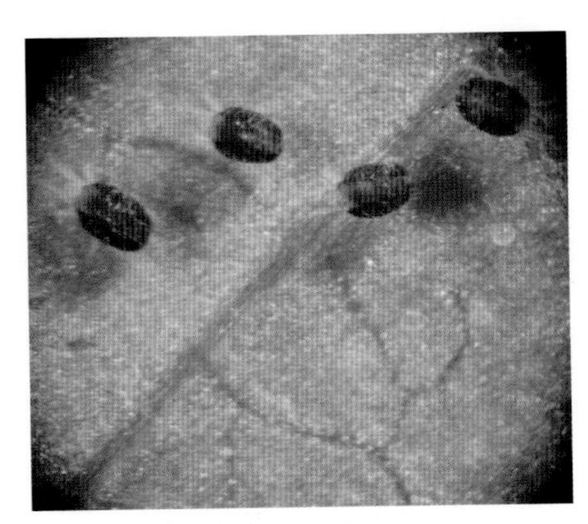

图47　朱砂叶螨雌成螨

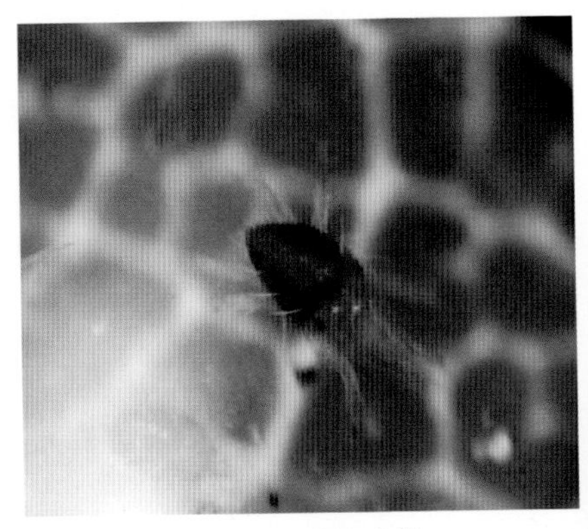

图48　朱砂叶螨雄成螨

若螨：体椭圆形，足4对。

2.截形叶螨

成螨：雌螨椭圆形，体长0.51～0.56毫米，深红色，足及颚体白色，体侧有黑斑，各足爪间突裂开，3对针状毛，无背刺毛。雄螨体长0.44～0.48毫米，黄色，背缘平截状（图49）。

图49　截形叶螨雌成螨

卵：球形，光滑，初为无色透明，渐变为淡黄至深黄色，微见红色。

幼螨：近圆形，足3对。越冬代幼螨红色，非越冬代幼螨黄色。

若螨：足4对，越冬代若螨红色，非越冬代若螨黄色，体两侧有黑斑。

3.二斑叶螨

成螨：雌螨卵圆形，大小为（0.45～0.55）毫米×（0.30～0.35）毫米，黄白或浅绿色，足及颚体白色，越冬代滞育个体为橘红色，体两侧各有1个褐斑，其外侧3裂，呈横“山”字形，背毛13对（图50）。雄螨体略小，大小为（0.35～0.40）毫米×（0.20～0.25）毫米，乳白或黄绿色，体末端尖削，背毛13对。

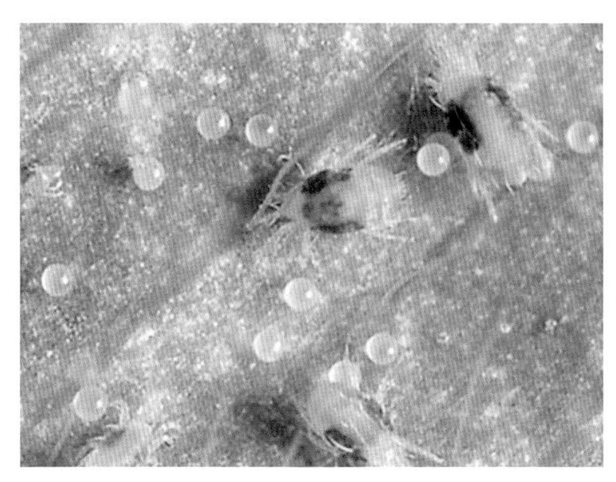

图50　二斑叶螨雌成螨及卵

卵：球形，有光泽，直径0.1毫米，初为无色，渐变为淡黄或红黄色，孵化前出现2个红色眼点（图50）。

幼螨：半球形，淡黄或黄绿色，足3对，眼红色，体背上无斑或斑不明显。

若螨：椭圆形，黄绿或深绿色，足4对，眼红色，体背有2个斑点。

发生特点

发生代数	1年发生10～20代，世代重叠严重
越冬方式	以雌成螨在作物、杂草根际或土缝中越冬
发生规律	翌年5月下旬迁入玉米田局部为害，7月中旬至8月中旬是为害高峰期，螨在株间通过吐丝垂飘进行水平扩散，在田间呈点片分布；干旱有利于叶螨发生，降雨对其有抑制作用
生活习性	叶螨在杂草和玉米等寄主的叶背活动，先为害下部叶片，渐向上部叶片转移；当叶片被害失绿干枯后，即转向其他绿叶；当玉米近成熟，叶片变黄，便转向附近的作物或杂草上活动；直到冬季来临前杂草干枯后，方转入根际的土缝等处越冬。早春平均温度5～6℃时，越冬雌成螨开始活动，进入3月当平均温度达6～7℃时开始产卵繁殖

防治适期 7月中旬至8月中旬（盛发期前）。

防治方法

1.农业防治　①清洁田间地头杂草，降低虫源基数。②高温干旱时，要及时浇水，控制虫情发展。

2.化学防治　在防治适期可用20%唑螨酯7～10毫升/亩、20%哒螨灵可湿性粉剂2 000倍液、30%阿维·螺螨酯悬浮剂5 000倍液、40%阿维·炔螨特乳油2 000倍液或13%唑酯·炔螨特乳油2 000倍液等向玉米中下部叶片的背面喷雾。注意不同药剂间的交替施用，防止叶螨产生抗药性。

灰飞虱

分类地位 灰飞虱（*Laodelphax striatellus*）属半翅目飞虱科，寄主以禾本科植物为主。

为害特点 灰飞虱若、成虫以刺吸式口器吸食玉米汁液，传播水稻黑条矮缩病毒，引起玉米粗缩病，造成严重产量损失（图51）。

图51　灰飞虱为害玉米

A灰飞在玉米苗心叶为害　B在玉米叶片上为害　C玉米粗缩病

形态特征

成虫：有长翅型和短翅型2种（图52和图53）。长翅型雌虫体长3.6～4.0毫米，雄虫3.3～3.8毫米；短翅型雌虫体长2.1～2.6毫米，雄虫2.0～2.3毫米。雌虫黄褐色，雄虫多为黑色或黑褐色。头顶额区具2条黑色纵沟，触角浅黄色。雄虫腹部黑褐色，雌虫腹面黄褐色。前翅淡灰色，半透明，翅斑黑褐色。

图52　长翅型成虫

A雌虫　B雄虫

图53　短翅成虫

A雌虫　B雄虫

卵：长茄形，微曲，长约0.75毫米，宽约0.21毫米，初为乳白色，后为淡黄色，双行块状排列。

若虫：共5龄。近椭圆形，初孵若虫呈淡黄色，后变为黄褐色至灰褐色，也有的呈红褐色，第3～4腹节背面各有1个灰白色的"八"字形斑。

发生特点

发生代数	1年发生4～8代，因地区而有差异
越冬方式	以三至四龄若虫在麦田及禾本科杂草上越冬
发生规律	5月下旬至6月上旬，迁入玉米田为害
生活习性	成虫有趋向生长嫩绿、茂密玉米田的习性

防治适期　播种前或玉米4～7叶期

防治方法

1. 农业防治　①及时清除杂草和自生麦苗，破坏灰飞虱的栖息地。②调整播期，错开灰飞虱迁飞期。

2. 化学防治　防治适期可用含有有效成分为噻虫嗪、吡虫啉、吡蚜酮的药剂进行包衣、拌种或喷雾防治。如200克/升吡虫啉·氟虫腈悬浮剂

按药种比1 ∶ 50拌种，还可用10%吡虫啉可湿性粉剂1 000 ～ 1 500倍液、25%吡蚜酮可湿性粉剂2 000 ～ 2 500倍液、45%马拉硫磷85 ～ 110克/亩等药剂喷雾杀虫。

条赤须盲蝽

分类地位 条赤须盲蝽（*Trigonotylus coelestialium*）属半翅目盲蝽科，也称赤角盲蝽、稻叶赤须盲蝽。我国曾将其误认为赤须盲蝽（*T.ruficornis*），实际上此种在我国及亚种东部均无分布。

为害特点 以若、成虫刺吸玉米叶片汁液。受害叶片上最初为淡黄色小点，后变为白色斑点，严重时白斑连成短线状布满叶片，致叶片失水变为灰绿色，并从顶端向内纵卷（图54）。

图54　条赤须盲蝽为害玉米叶片

形态特征

成虫：体细长，长5 ～ 6 毫米，宽1 ～ 2 毫米，绿色或黄绿色。头部略呈三角形；触角等于或略短于体长，红色，第1节粗短，具3条红色纵纹，第2 ～ 3节细长，第4节最短。前翅革质部分与体色相同，膜质部透明，后翅白色透明（图55）。

图55　条赤须盲蝽成虫

卵：口袋状，大小为1毫米×0.4毫米。初为白色透明，孵化前为黄褐色。

若虫：共5龄。三龄若虫翅芽0.4毫米，不达腹部第1节；四龄若虫翅芽1.2毫米，不超过腹部第2节；五龄若虫触角红色，略短于体长，翅芽超过腹部第3节。

发生特点

发生代数	北方1年发生3代，成虫产卵期较长，有世代重叠现象
越冬方式	以卵在杂草上越冬
发生规律	翌年5月下旬，第1代成虫迁移至春玉米田为害；6月下旬第2代成虫迁入夏玉米田为害；7月下旬为第3代成虫羽化高峰期，主要为害玉米；8月下旬至9月上旬，第3代成虫产卵越冬
生活习性	条赤须盲蝽喜食粗纤维多的植物，尤其是禾本科植物，成虫白天较活跃

防治适期 害虫发生初期。

防治方法

1.农业防治　清除田间地头杂草，减少越冬虫源。

2.化学防治　可用含有有效成分为毒死蜱、高效氯氰菊酯、吡虫啉、马拉硫磷、噻虫嗪的药剂。可选用4.5%高效氯氰菊酯乳油1 500倍液、10%吡虫啉可湿性粉剂1 000倍液、3%啶虫脒乳油1 500倍液、48%毒死蜱乳油1 000倍液等喷雾防治。

大青叶蝉

大青叶蝉

分类地位 大青叶蝉（*Cicadella viridis*）属半翅目叶蝉科，别名青叶跳蝉、青叶蝉、大绿浮尘子。

为害特点 以成、若虫刺吸玉米茎秆、叶片的汁液。玉米叶片被害后叶面产生细小白斑，叶尖枯卷，生长不良（图56）；幼苗被害严重时，可导致苗枯死。

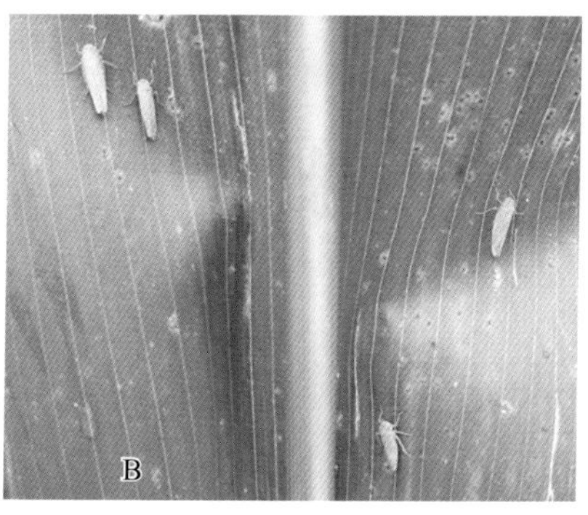

图56　大青叶蝉为害状

A群集在心叶中为害　B群集在叶背为害

形态特征

成虫：雌虫体长9.4 ~ 10.1毫米，头宽2.4 ~ 2.7毫米；雄虫体长7.2 ~ 8.3毫米，头宽2.3 ~ 2. 5毫米。头橙黄色，头顶有1对多边形黑斑，前胸背板黄色，上有三角形绿斑。前胸背板淡黄绿色，边缘黄色，尖端透明（图57）。

图57　大青叶蝉成虫

卵：白色微黄，长筒形，长1. 6毫米，宽0. 4毫米，上细下粗，中间微弯曲，表面光滑。

若虫：共5龄。初孵时白色，头大腹小，复眼红色，渐变淡黄色。三龄后胸腹背面有4条褐色纵纹，三龄翅芽达近中足基部，四龄翅芽达近中胸基部，五龄翅芽超过腹部第2节。

发生特点

发生代数	1年发生2 ~ 5代，因地域有所差异
越冬方式	以卵在2 ~ 3年生的树枝皮层内越冬
发生规律	早晨7：30 ~ 8：00为孵化高峰期
生活习性	成虫以锯齿状产卵器在玉米叶背叶脉上刺一长条形至新月形伤口产卵，每处卵块有卵3 ~ 5枚；成虫趋光性强，初孵若虫和成虫喜聚集取食

防治适期 害虫发生初期。

防治方法

1.农业防治　秋收后及时清除田间地头枯枝落叶及禾本科杂草，破坏越冬场所，减少越冬虫源。

2.化学防治　①种子包衣。选用内吸性杀虫剂，如噻嗪酮、吡虫啉、噻虫嗪或噻虫胺，对苗期为害的大青叶蝉有一定防治效果。②药剂喷雾。其他时期为害采用药剂喷雾的方法，如选用20%噻嗪酮可湿性粉剂1 000倍液、25%西维因可湿性粉剂300倍液、10%吡虫啉可湿性粉剂1 000倍液等。

三点斑叶蝉

分类地位 三点斑叶蝉（*Zygina salina*），属半翅目叶蝉科小叶蝉亚科。国内目前仅在新疆有分布。

为害特点 该虫一般从植株下部叶片开始为害，逐渐向上部叶片扩展。主要以成、若虫聚集叶背刺吸汁液，初期沿叶脉吸食汁液，叶片出现零星小白点，后连成白色条斑，并逐渐变为褐色，阻碍植物的光合作用；虫口密度大时，叶片褪绿发白，植株早衰。6月下旬以后，因虫口密度大增，受害重的叶片上形成紫红色条斑。8月下旬后受害较重的田块被害叶片严重失绿，甚至干枯死亡（图58）。

图58　三点斑叶蝉为害玉米叶片

形态特征

成虫：体长2.6～2.9毫米，灰白色。头冠向前呈钝圆锥形突出，头顶前缘区有淡褐色斑纹，呈倒“八”字形，前胸背板革质透明，中胸盾片上有3个大小相等的椭圆形黑斑，小盾片末端也有一相同形状的黑斑；前后翅白色透明，腹部背面具黑色横带（图59）。

图59 三点斑叶蝉成虫

卵：长0.6～0.8毫米，白色较弯曲，表面光滑。

若虫：共5龄。一至二龄若虫淡白色；二龄初现翅芽，胸部背面有2条淡褐色纵线，腹部有1条黑色纵线，系消化道食物；三至五龄灰白色，三龄翅芽达腹部第1节末，四龄达第3节末，五龄达第5节。

发生特点

发生代数	1年发生3代，田间世代重叠
越冬方式	以成虫在冬麦田、枯枝落叶下及禾本科杂草根际处越冬
发生规律	翌年春季气温回升，越冬成虫首先在小麦和杂草上繁殖为害，6月中旬以后转至玉米上为害，成虫在玉米田为害高峰期一般是在6月中旬至7月上旬
生活习性	成虫活跃，善飞，扩散能力强，有趋光性和群集性；若虫受到惊扰时会迅速横向爬行隐匿

防治适期 三点斑叶蝉在田边杂草及边行为害时，即在玉米田为害初期为防治适期。

防治方法

1.农业防治 ①加强田间管理，及时清除杂草。秋收后应清洁田园，实施秋翻冬灌，并铲除渠边田埂的寄主杂草，集中烧毁，破坏越冬（夏）场所，降低越冬虫口基数；玉米生长期及时铲除田边地头和渠边杂草，尤其是禾本科杂草；及时中耕，促进玉米发育。②地边种植高秆作物可阻隔叶蝉相互转移和迁入。③选用抗虫品种。

2.化学防治 防治适期可选用内吸性药剂控制三点叶蝉虫口密度及防

止其蔓延，如10%吡虫啉可湿性粉剂2 500倍液、20%啶虫脒可湿性粉剂3 000倍液或25%噻虫嗪可湿性粉剂2 500 ～ 3 000倍液喷雾防治。推广使用玉米种衣剂，对早期迁入的三点斑叶蝉有一定的控制作用。

地老虎

分类地位 地老虎属鳞翅目夜蛾科，是一类重要的地下害虫，俗称土蚕、地蚕、切根虫等。地老虎种类繁多，其中小地老虎（*Agrotis ypsilon*）、黄地老虎（*A. segetum*）和大地老虎（*Trachea tokionis*）是为害玉米的3个主要种类。

为害特点 低龄幼虫可取食幼苗心叶，叶片出现小孔、缺刻状（图60A），也可为害生长点或从根茎处蛀入嫩茎，造成萎蔫苗和枯心苗（图60B）；高龄幼虫通常啃食幼苗茎基部（图60C），将其咬断后拉入洞穴取食，造成缺苗断垄，严重时造成毁种（图60D）。

图60　地老虎为害状

A低龄幼虫为害状　B枯心苗　C咬断根茎部　D咬断后拉入洞穴

形态特征

1.小地老虎

成虫：体灰褐色，长17 ~ 23 毫米，翅展40 ~ 54毫米。雌蛾触角丝状，雄蛾触角双栉齿状。前翅呈暗褐色，前缘色较深；亚基线、内横线、外横线均为暗褐色中间夹白的波状双线，前端部分夹白特别明显；亚缘线白色，齿状；环纹暗褐色，肾纹黑色，肾纹外侧有1个尖朝外的黑色楔形斑，亚缘线内侧有2个尖朝内的三角形黑斑与楔形斑相对。后翅呈灰白色，半透明，边缘暗褐色（图61A）。

卵：半球形，高0.3毫米，直径0.5毫米，顶端中心有精孔，表面有纵横交错的隆起纹；初产时乳白色，孵化前变为灰褐色（图61B）。

幼虫：老熟幼虫体长37 ~ 47 毫米；头部黄褐色至暗褐色，额区在颅顶相会处，呈单峰状；体表暗褐色，粗糙，布满龟裂状皱纹和大小不等的黑色颗粒；腹部第1 ~ 8节的背面各有4个毛片，后面2个较大；臀板黄褐色，有2条褐色纵带（图61C）。

蛹：红褐色，长18 ~ 24 毫米，腹部第4 ~ 7节基部有一圈圆形刻点，背面的大且色深，腹末端有1对臀棘（图61D）。

图61　小地老虎形态

A雌蛾　B卵　C幼虫　D蛹及土茧

2. 黄地老虎

成虫：体灰褐至黄褐色，长14 ~ 19毫米，翅展32 ~ 43毫米。雌蛾触角丝状，雄蛾触角双栉齿状。前翅呈黄褐色，其上散布褐色小点；各横线均为不明显双曲线；环纹、肾纹、剑纹明显，并围有黑边，中央呈暗褐色；后翅呈灰白色，半透明（图62A）。

卵：黄褐色，半球形，直径0.5毫米，表面有纵横交错的花纹（图62B）。

幼虫：老熟幼虫体长33 ~ 45 毫米；头部呈黄褐色，颅侧区有略呈长条形暗斑，额区颅顶双峰状；体表呈淡黄褐色，颗粒不明显，多皱纹，有光泽；腹部各节背面均有4个毛片，大小相近，后面2个稍大；臀板中央有1条黄色纵纹，两侧各有1块黄褐色斑，有较多分散的小黑点（图62C）。

蛹：红褐色，长16 ~ 19 毫米。腹部第5 ~ 7节背面前缘中央至侧面均有9 ~ 10排密且细的小刻点，腹面亦有数排刻点；腹部末端稍延长，着生1对粗刺（图62D）。

图62　黄地老虎特征

A雄蛾　B卵　C幼虫　D蛹

3. 大地老虎

成虫：体暗褐色，长20～22毫米，翅展52～62毫米。雌蛾丝状触角，雄蛾双栉齿状触角。前翅呈褐色，前缘自基部至2/3处呈黑褐色；环纹、肾纹、剑纹明显，且具黑褐色边缘，肾纹外方有1块黑色条斑；亚基线、外横线均为双条曲线，外缘有1列黑点。后翅呈淡褐色，外缘具有很宽的黑褐色边（图63A）。

卵：半球形，从初产到孵化颜色有变化，依次为浅黄色、淡褐色和灰褐色。

幼虫：老熟幼虫体长41～61毫米。头部呈黄褐色，额区在颅顶相会处呈双峰毗连；体表呈黄褐色，多皱纹，微小颗粒不明显；腹部第1～8节背面各有4个毛片，每节前后2个大小几乎相同；臀板末端除2根刚毛附近为黄褐色外，其余部位为深褐色，并且布满龟裂状皱纹（图63B）。

蛹：长23～29 毫米。腹部第3～5节明显比中胸及第1～2节粗，腹末端具有1对臀棘。

图63 大地老虎特征

A成虫 B幼虫

发生特点

发生代数	小地老虎属迁飞性害虫，发生的代数随纬度的升高而减少，1年发生2～5代；黄地老虎1年发生2～4代；大地老虎1年发生1代

（续）

越冬方式	小地老虎以蛹在土壤中越冬；黄地老虎以老熟幼虫在土壤中越冬；大地老虎以低龄幼虫在表土层越冬
发生规律	小地老虎第1代幼虫发生数量最多，为害最重；黄地老虎是新疆南部地老虎的主要类群，在华北地区5～6月为害最重，黑龙江6月下旬至7月上旬为害最重；大地老虎翌年3～5月为害最重，20℃以上时，老熟幼虫滞育越夏，9～10月羽化成虫
生活习性	成虫昼伏夜出，趋光性和趋化性较强，卵多散产在贴近地面的叶背面或嫩茎上，也可直接产于土表及残枝上

防治适期 一至三龄幼虫的抗药性较差，且主要取食幼苗心叶或幼嫩部位，是进行化学防治的最佳时期。三龄后潜伏在土壤中，较难防治。

防治方法

1.农业防治　及时清除田间地头杂草，秋末冬初深翻土壤，防止地老虎成虫产卵。

2.理化诱控　①捕杀幼虫。清晨挖开萎蔫苗、枯心苗的根际土壤捕杀幼虫。②诱杀成虫。利用成虫的趋光性和趋化性，使用黑光灯或糖醋液诱杀成虫。

3.化学防治　①种子包衣。多用于地老虎常发区，可选用含溴氰虫酰胺或氯虫苯甲酰胺成分的种衣剂包衣。②药剂喷雾。对于三龄以下幼虫，可用48%毒死蜱乳油或40%辛硫磷乳油1 000倍液灌根或傍晚茎叶喷雾。③撒施毒饵。对于高龄幼虫，每亩可用50%辛硫磷乳油与炒过的棉籽饼或麦麸制作毒饵（比例为1 ： 100），于傍晚时分撒在作物行间诱杀。

蝼蛄

分类地位 蝼蛄属直翅目蝼蛄科。在我国，为害玉米的蝼蛄主要是华北蝼蛄（*Gryllotalpa unispina* ）和东方蝼蛄（*G.orientalis*r）。

为害特点 蝼蛄取食萌动的种子或幼芽，或从根颈部将幼苗咬断，断处呈乱麻状。成虫和若虫常在表土层穿行，形成隧道，致使幼苗根部与土壤分离，失水而枯萎，严重时造成缺苗断垄（图64）。

图64　蝼蛄为害玉米苗

A被害苗及地表隧道　B被咬断的苗

形态特征

1. 华北蝼蛄

成虫：体黄褐色，密被细毛，长36 ~ 55毫米，前胸宽7 ~ 11毫米。头部狭长，暗褐色，触角丝状。前胸背板盾形，中央有1个不明显的暗红色心形凹陷斑。前翅较短，鳞片状，达腹部1/3处；后翅较长，纵向折叠成尾状，刚超过腹部末端。前足为开掘足，腿节内侧外缘缺刻明显；后足胫节背侧内缘具1根棘或无。腹部末端近圆筒形，具1对细长尾须（图65）。

卵：椭圆形，初产时黄白色，后变黄褐色，孵化前为暗灰色。

若虫：共13龄。初孵时乳白色，随蜕皮次数增加渐变为褐色。

2. 东方蝼蛄

成虫：体淡灰褐色或浅灰黄色，密被细毛，长30 ~ 35毫米，前胸宽6 ~ 8毫米。头部圆锥形，暗褐色，触角丝状。前胸背板卵圆形，中央有1个明显的暗红色长心形凹陷斑。前翅较短，鳞片状，达腹部的1/2处；后翅长，纵向折叠成尾状，大大超过腹部末端。前足为开掘足，腿节内侧外缘缺刻不明显；后足胫节背侧内缘有3 ~ 4根棘。腹部末端近纺锤形，具1对细长尾须（图66）。

卵：长椭圆形，初产时乳白色，后变黄褐色，孵化前为暗紫色。

若虫：共8 ~ 9龄。初孵时乳白色，随蜕皮次数增加体色变为暗褐色。

图65　华北蝼蛄成虫

图66　东方蝼蛄成虫

发生特点

发生代数	华北蝼蛄在北方3年完成1个世代；东方蝼蛄在南方1年发生1代，在北方2年发生1代
越冬方式	以若虫或成虫在深土层越冬
发生规律	华北蝼蛄3～5月，越冬成虫开始活动，5～6月产卵，9～10月若虫经过8次蜕皮后越冬，翌年继续蜕皮3～4次，秋季发育至12～13龄时再次越冬，第3年以成虫越冬；东方蝼蛄4～5月越冬成虫为害并产卵，若虫为害至9月后蜕皮为成虫，并于10月下旬进入土壤越冬，发育晚的则以老熟若虫越冬
生活习性	蝼蛄成虫昼伏夜出，有趋光性、趋粪性，对炒香的豆饼、麦麸以及半熟的谷子等香甜物质有强烈趋性

防治方法

1. 农业防治　深耕细作，避免使用未腐熟的农家肥。

2. 物理防治　蝼蛄羽化期间，19:00～22:00利用黑光灯诱杀成虫。

3. 化学防治　①种子处理。60%吡虫啉悬浮种衣剂包衣；50%辛硫磷乳油拌种，用药量为种子重量的0.2%～0.3%。②撒施毒饵。用50%辛硫磷乳油100倍液或90%晶体敌百虫（用少量温水溶解）按饵料量的0.5%～1.0%拌炒香的麦麸、米糠或磨碎的豆饼、棉籽饼等制作毒饵诱杀蝼蛄，傍晚时分撒在玉米田边和行间，每亩用量1.5～3千克。

蛴螬

分类地位 蛴螬是金龟子幼虫的通称，属鞘翅目金龟甲总科，俗名地蚕、土蚕等。在我国，为害玉米的蛴螬主要有华北大黑鳃金龟(*Holotrichia oblita*)、东北大黑鳃金龟（*H.diomphalia*)、暗黑鳃金龟(*H.parallela*) 和铜绿丽金龟（*Anomala corpulenta*) 4种。

为害特点 蛴螬主要取食萌发的玉米种子或咬断幼苗的根颈、根系（图67A)，导致缺苗断垄或地上部萎蔫（图67B)。病菌易从蛴螬造成的伤口侵入，导致其他病害发生。成虫偶尔也取食玉米叶片（图68)。

图67 蛴螬为害状

A根系被害状 B幼苗被害状

图68 铜绿丽金龟成虫取食叶片

形态特征

1.华北大黑鳃金龟

成虫：体长21 ~ 23毫米，宽11 ~ 12毫米，长椭圆形，黑色或黑褐色，有光泽（图69A)。鞘翅革质，每侧有3条纵隆线。胸、腹部具黄色长毛，前胸背板较宽，前缘钝角。前足胫节外侧具3齿，中后足胫节末端有2距。雄虫末节腹面中央呈明显凹陷，雌虫隆起。雌虫前臀节腹板中间具一横向枣红色棱形骨片。

卵：初为椭圆形，后发育为球形，乳白色，光滑有光泽（图69B)。

幼虫：共3龄。老熟幼虫体长35 ~ 45毫米，乳白色，多褶皱，弯曲呈C形。头部红褐色，有光泽，前顶毛每侧3根，纵向排成1列。臀节腹面三角形分布的钩毛群紧挨肛门孔裂缝区，肛门孔3裂状（图69C）。

蛹：椭圆形，初为黄白色，后变橙黄色。尾节端部具1对叉状尾角。

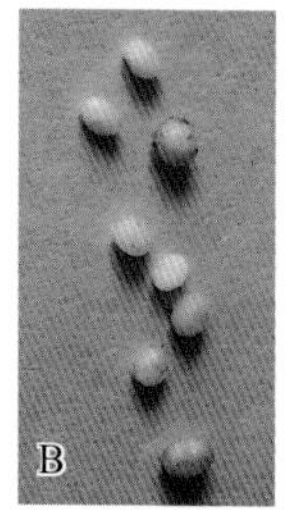

图69　华北大黑鳃金龟形态

A成虫　B卵　C三龄幼虫

2. 东北大黑鳃金龟

成虫：长椭圆形，长16 ~ 21毫米，宽8 ~ 11毫米，体呈黑色、黑褐色或栗褐色，有光泽。鞘翅革质，每侧各有4条明显的纵隆线。前足胫节外侧具3齿，内侧有1距。腹部臀节外露，臀节背板包住末节，腹板呈半月形（图70A）。

卵：初期长椭圆形，后期卵圆形，白色略带黄绿色光泽，表面光滑。

幼虫：共3龄。三龄幼虫体长35 ~ 45毫米，乳白色，弯曲呈C形，多皱纹。头部橙黄色或黄褐色，每侧的3根前顶毛呈一纵列。胸足3对，细长，布满棕褐色细毛。肛门孔3裂状（图70B）。

蛹：裸蛹，初为白色，后为红褐色。头小，体略弯曲，尾节端部具1对呈钝角状向后岔开的尾角（图70C）。

图70　东北大黑鳃金龟形态

A成虫　B幼虫　C蛹

3.暗黑鳃金龟

成虫：长椭圆形，体长16 ～ 21毫米，宽7.8 ～ 12毫米，体色以黑褐和深黑色较常见，无光泽。鞘翅及腹部腹板具蓝白色短小绒毛，鞘翅每侧具4条不明显的纵隆线。前足胫节具3外齿，较钝（图71A）。

卵：椭圆形，乳白色，有光泽（图71B）。

幼虫：共3龄。老熟幼虫体长35 ～ 45毫米。头部及胸足黄褐色，胸腹部乳白色。头部前顶每侧具1根刚毛。臀节肛腹板刚毛区散生大量钩状刚毛，无刺毛列。肛门孔3裂状（图71A）。

蛹：长20 ～ 25毫米，宽10 ～ 12毫米，黄褐色。

图71　暗黑鳃金龟形态

A成虫　B卵　C老熟幼虫

4.铜绿丽金龟

成虫：长椭圆形，体长15 ～ 21毫米，宽8 ～ 11毫米；体背铜绿色，有金属光泽。前胸背板及鞘翅侧缘黄褐色（图72A）。

卵：初为长椭圆形，后近球形，白色，表面光滑（图72B）。

幼虫：共3龄。老熟幼虫体长29 ～ 33毫米。头部暗黄色，腹部乳白色。头部前顶两侧各8根刚毛，后顶10 ～ 14根，额中侧2 ～ 4根。肛门孔横裂状（图72C）。

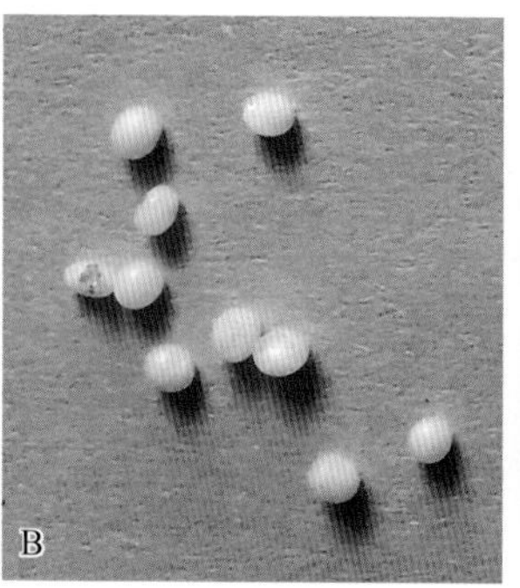

图72　铜绿丽金龟形态

A成虫　B卵　C幼虫

发生特点

发生代数	华北大黑鳃金龟及东北大黑鳃金龟2年发生1代，暗黑鳃金龟及铜绿丽金龟1年发生1代
越冬方式	华北大黑鳃金龟及东北大黑鳃金龟均以幼虫和成虫交替在土壤中越冬；暗黑鳃金龟主要以三龄幼虫，少数以成虫在土壤中越冬；铜绿丽金龟主要以三龄幼虫，少数以二龄幼虫在土壤中越冬
发生规律	华北大黑鳃金龟越冬成虫4月中旬开始活动，5月中下旬至8月中旬开始产卵、孵化、为害，越冬幼虫翌年春季开始活动、为害，6月初开始在土壤中化蛹，7月初至8月中旬羽化，羽化的成虫直接在土壤中潜伏越冬 东北大黑鳃金龟5月始见成虫，5月下旬至6月中下旬为产卵期；6月中旬幼虫孵化，7月中下旬发育至二龄，8月发育至三龄，11月幼虫在土壤中越冬，翌年5月幼虫开始为害，6月下旬化蛹，8月上旬羽化后直接在土壤中越冬 暗黑鳃金龟越冬幼虫4月开始为害，春末夏初开始化蛹，6月中旬至8月上旬成虫羽化后进入产卵盛期，7月上旬至8月上旬出现一龄幼虫，8月中下旬幼虫发育至二龄，9月上旬幼虫发育至三龄，11月下旬越冬，翌年5月化蛹 铜绿丽金龟越冬幼虫于翌年4月开始为害，5月下旬至6月上旬化蛹，6～7月为成虫活动期，7～8月为幼虫为害期，10～11月三龄幼虫越冬
生活习性	成虫昼伏夜出，有假死性和趋光性，并对未腐熟的厩肥有强烈趋性

防治适期　关注当地植保部门发布的病虫情报，对达到防治指标的田块认真及时选用有效药剂进行防治，不同作物在不同地区防治指标可能不同，如安徽地区蛴螬防治指标为4头/米^2。

防治方法

1. 农业防治　采取秋后深耕、倒茬、水旱轮作等措施，施用充分腐熟

的农家肥，结合人工捕杀，减少虫源。

2.物理防治　在成虫盛发期，使用黑光灯或频振灯诱杀。

3.化学防治　①包衣或拌种。可选用吡虫啉、噻虫胺等。②灌根。为害严重时，用48%毒死蜱乳油2 000倍液或40%辛硫磷乳油1 000倍液灌根。③饵料诱杀。毒饵制作参见地老虎的防治。

金针虫

分类地位　金针虫俗称节节虫、铁丝虫、叩头虫等，是鞘翅目叩头甲科幼虫的通称。为害玉米的金针虫主要是沟金针虫（*Pleonomus canaliculatus*）、细胸金针虫（*Agriotes subrittatus*）和褐纹金针虫（*Melanotus caudex*）3种。

为害特点　金针虫可蛀食玉米种子，使其不能萌发（图73A）；或取食幼芽，造成缺苗断垄；也可钻蛀幼苗的茎基部取食，但幼苗很少被咬断，仅形成褐色蛀孔，造成幼苗不能正常生长发育（图73B）。

图73　金针虫为害玉米

A为害未萌发的种子　B为害玉米苗茎基部

形态特征

1. 沟金针虫

成虫：体深褐色，密被金黄色细毛（图74A）。雌雄异型，雌虫大小为（14 ～ 17）毫米×（4 ～ 5）毫米，体宽、扁平；雄虫（14 ～ 18）毫米×3.5毫米，较细长。雌虫触角11节，略呈锯齿状，短粗，长为前胸的2倍；前胸的宽大于长，呈半球形隆起；鞘翅上纵沟不明显，后翅退化。雄虫触角12节，丝状，细长，可达鞘翅末端；鞘翅上纵沟明显，有后翅。

卵：近椭圆形，长0.7毫米，宽为0.6毫米，乳白色。

幼虫：老熟幼虫体长20 ～ 30毫米，最宽处4毫米，金黄色，被细毛，体节宽大于长。头部黄褐色，扁平，上唇退化；从头至第9腹节渐宽，胸部至第10腹节背部中央有1条细纵沟；臀节背部有暗色近圆形凹陷，其上密布刻点，两侧缘隆起，每侧有3个齿状突起；尾端分叉并向上弯曲，每个分叉内侧各具1个小齿（图74B）。

蛹：纺锤形，长15 ～ 22毫米，宽3.5 ～ 4.5毫米。前胸背板隆起呈半圆形，前缘两侧各具1个伸向前方的尖刺，腹端部两侧有1对伸向斜后方的刺状突起，翅端达第3腹节。

图74　沟金针虫

A成虫　B幼虫

2. 细胸金针虫

成虫：体细长，长8 ～ 9毫米，宽2.5毫米，暗褐色，略有光泽，密布细绒短毛。触角红褐色，细短，第2节球形。前胸背板长大于宽，后缘

角伸向后方。鞘翅狭长，其上有9纵列刻点，翅长是头部和胸部总长的2倍。足红褐色（图75A）。

幼虫：老熟幼虫细长圆筒形，长23毫米，宽1.3毫米，体呈淡黄色，有光泽。头部扁平，口器深褐色。臀节圆锥形，近基部两侧各有1个褐色圆斑和4条褐色纵纹，顶端具1个圆形突起（图75B）。

蛹：长8 ～ 9毫米，纺锤形；初为乳白色，后变黄色；羽化前复眼黑色，翅芽灰黑色。

图75　细胸金针虫

A成虫　B幼虫

3. 褐纹金针虫

成虫：体细长，被灰色短毛，长8 ～ 10毫米，宽2.7毫米。头部黑色，密生刻点。触角暗褐色，第2 ～ 3节近球形，第4 ～ 10节锯齿状。前胸背板黑色，长大于宽。腹部暗红色，足暗褐色。鞘翅黑褐色，狭长，为胸部的2.5倍，两侧各有9纵列刻点。

卵：椭圆形至长卵形，长0.6毫米，白色至黄白色。

幼虫：共7龄。老熟幼虫圆筒形，细长，长25 ～ 30毫米，宽1.7毫米，棕褐色，具光泽。头梯形，扁平，有纵沟且具小刻点。体背具微细刻点和细沟，第2 ～ 8腹节前缘两侧具新月形深褐色斑纹。臀节近圆锥形，前缘具2个新月形斑，前部具4条纵纹，后部具皱纹且密生粗大刻点；尖端具3个小突起，中间的为红褐色且尖锐（图76）。

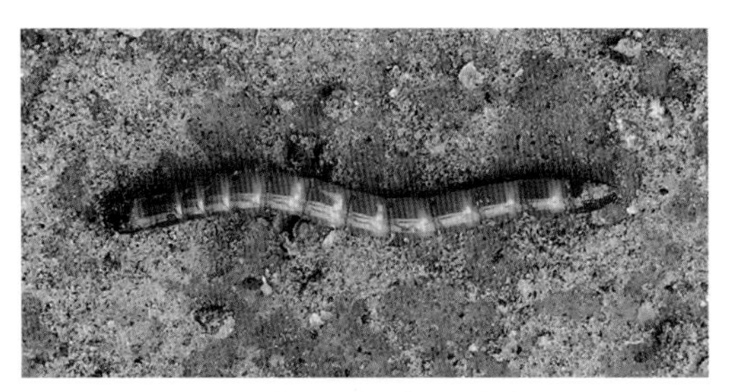

图76 褐纹金针虫幼虫

发生特点

发生代数	沟金针虫及褐纹金针虫一般3年发生1代，细胸金针虫一般2年发生1代
越冬方式	沟金针虫前2年以幼虫越冬，第3年以成虫越冬；细胸金针虫以成虫和幼虫在土壤中越冬；褐纹金针虫以三至四龄幼虫越冬，翌年以五至七龄幼虫越冬
发生规律	沟金针虫老熟幼虫8月上旬开始化蛹，9月上中旬羽化为成虫后在土壤中直接越冬，翌年3月中旬至4月中旬为越冬成虫活动盛期，5月上中旬为孵化盛期 细胸金针虫越冬幼虫5月开始为害，6月中下旬老熟幼虫开始化蛹，7月中下旬羽化为成虫后在土壤中直接越冬，越冬成虫在3月中下旬开始活动，4月下旬到5月下旬产卵 褐纹金针虫第3年7～8月化蛹，羽化为成虫后直接越冬，越冬成虫在5月上旬开始出土，5～6月进入产卵盛期
生活习性	金针虫多为昼伏夜出；沟金针虫雌虫行动迟缓，不能飞翔，有假死性，无趋光性，雄虫活跃，飞翔力较强，可短距离飞翔；细胸金针虫对稍萎蔫的杂草有极强的趋性，故喜欢在草堆下栖息、活动和产卵，初孵幼虫活泼，自相残杀较激烈，老龄幼虫自相残杀大为减弱；褐纹金针虫对刚腐烂的禾本科杂草有趋性

防治适期 采用化学防治时可参考沟金针虫的防治指标，研究结果表明，沟金针虫的防治指标以5头/米^{2}为宜。

防治方法

1.农业防治 ①秋后深耕，降低土壤中幼虫数量。②为害严重时，通过浇水迫使幼虫下潜到土壤深层，减轻为害。

2.物理防治 利用杀虫灯诱杀成虫，可取得一定效果。

3.化学防治 种子包衣、拌种、灌根方案同蛴螬。也可将5%辛硫磷颗粒剂拌入化肥，随播种施用，用量为1.5千克/亩；或用50%辛硫磷乳油75毫升拌细土2～3千克，在耕地时撒施。

二点委夜蛾

分类地位 二点委夜蛾（*Athetis lepigone*）属鳞翅目夜蛾科，2005年在我国首次报道为害玉米。

为害特点 幼虫蛀入幼苗茎基部并向上移动取食，形成圆形或椭圆形孔洞，蛀孔较深时会破坏输导组织或生长点，使心叶失水萎蔫，形成枯心苗；严重时蛀断幼苗，造成整株死亡；或取食气生根，导致植株倾斜或侧倒（图77）。

图77　玉米苗被害状

形态特征

成虫：雌蛾体长8.1 ~ 11.0毫米，翅展20.5 ~ 23.5毫米；雄蛾体长7.8 ~ 10.5毫米，翅展18.4 ~ 20.0毫米。头部暗灰色。复眼褐色，半球形，表面光滑。触角丝状，暗褐色，基部两节稍粗。前翅具金属光泽，布有暗褐色细点，基线隐约可见；中线和外线为暗褐色波浪状；环纹为暗褐色点排列而成，有时不明显；中剑纹为黑色三角形或菱形斑；肾形斑边缘由黑点排列而成，外侧中凹有白点；翅外缘端部有7 ~ 8个黑点排成一列（图78）。

卵：卵单产，馒头状，底宽0.63毫米，高0.45毫米。初为淡青色或乳白色，孵化前上半部为暗褐色至黑色（图79）。

图78　成　虫

图79　卵

幼虫：老熟幼虫黄灰色至黑褐色，长14.0 ~ 19.6毫米，体表光滑。头部黄褐色，胸部灰褐色，腹部背面两侧各具1条深褐色的亚背线，背部每节腹背前缘具1个倒三角形深褐色斑。气门黑色，气门上线为黑褐色，气门线为白色（图80）。

蛹：长7.0 ~ 10.6毫米，宽2.8 ~ 3.0毫米。黄褐色，羽化前为黑褐色。主要以黏合周围土粒或植物残体，结成土茧（图81），也有少量裸蛹（图82）。

图80　幼　虫

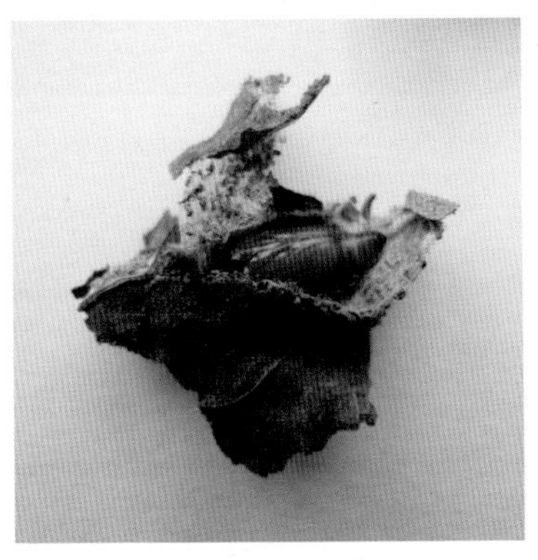

图81　土　茧

图82　裸　蛹

发生特点

发生代数	一年发生2代
越冬方式	以蛹在土壤中越冬
发生规律	6月下旬至7月上旬幼虫为害夏玉米，顺垄、可转株为害，麦茬地、麦秸较厚的玉米田发生较重
生活习性	成虫具有很强的趋光性；幼虫有群集性、假死性，受惊后蜷缩成C形

防治适期

三龄以前。

防治方法

1.农业防治　①清理玉米田的麦茬、麦秸或麦糠，破坏幼虫的生存环境，减轻为害。②秋耕或春耕也可降低越冬虫源基数。

2.理化诱控　采用杀虫灯或性诱剂诱杀成虫。

3.化学防治　①种子处理。可选用含丁硫克百威、溴氰虫酰胺或氯虫苯甲酰胺成分的种衣剂包衣或拌种。②撒施毒土。在幼苗根部撒施毒土，制作毒土可用48%毒死蜱乳油500克+1.8%阿维菌素乳油500克，兑水稀释后喷洒在50千克细干土上。③苗期施药。在3～5叶期，可选用1.8%阿维菌素乳油+5%高效氯氰菊酯1 500倍液喷雾，或滴灌50～100克药液于根颈及根际土壤。

易混淆害虫

二点委夜蛾幼虫与地老虎幼虫相近，有假死性，受惊后蜷缩呈C形，同时也为害幼苗茎基部，易混淆，主要区别见下表。

项目	二点委夜蛾	小地老虎	黄地老虎
体长	14～20毫米	37～47毫米	33～45毫米
体色	黄灰色到黑褐色；头部褐色，额深褐色，额侧片黄色，额侧缝黄褐色	体灰褐至暗褐色；头部褐色，具黑褐色不规则网纹	体淡黄褐色；头部黄褐色
体表特征	体表光滑，腹部背面有两条褐色背侧线，到胸节消失；各体节对称分布有4个白色中间有黑点的毛瘤，各体节有一个倒三角形的深褐色斑纹；气门黑色，气门上线黑褐色，气门下线白色	体表粗糙，满布龟裂状皱纹和大小不等的黑色颗粒；背线、亚背线及气门线均黑褐色；臀板黄褐色，有2条明显的深褐色纵带	体表颗粒不明显，多皱纹；臀板具2大块黄褐色臀斑，中央断开；腹部各节背面毛片后两个比前两个稍大
为害特性	蛀食根或茎基部，使幼苗萎蔫或倒伏	从地面咬断幼茎	从地面咬断幼茎

玉米异跗萤叶甲

玉米异跗萤叶甲幼虫为害玉米、高粱、谷子，成虫为害薄荷、紫苏、白苏、冬凌草、丹参和野蓟等，在我国南北多省分布。

分类地位 玉米异跗萤叶甲（*Apophylia flavovirens*）属鞘翅目叶甲科，其幼虫又名玉米枯心叶甲、旋心虫，俗称玉米蛀虫、黄米虫。

为害特点 幼虫在近地表面2 ~ 3 厘米的茎基部钻蛀取食，玉米幼苗受害后，心叶产生纵向黄条，或心叶抽出后有一排排的小孔呈花叶状，严重时生长点受害形成枯心苗或植株矮化，分蘖增多，可造成缺苗断垄。茎基部被害处有明显的褐色虫孔或虫伤，一般每株有虫1 ~ 6头。玉米苗根系也常被幼虫取食，造成被害苗根系不发达，植株发育不良（图83）。

图83　异跗萤叶甲幼虫为害玉米苗

形态特征

成虫：雄虫体长3.9 ～ 6.0毫米，宽1.5 ～ 2.0毫米（图84A）；雌虫体长5.8 ～ 6.8毫米，宽1.8 ～ 2.5毫米（图84B）。全身被黄褐色细毛。头部黑褐色，半圆形。复眼发达，黑色。触角丝状，11节，基部3节淡黄褐色，其余各节黑褐色；雄虫触角长，几乎达翅端；雌虫触角伸至鞘翅中部。前胸黄色，其前缘黑褐色，上有小刻点，无黑斑。中、后胸黑褐色。鞘翅翠绿色，有时带蓝紫色光泽，翅两侧近于平行。足黄色。腹部黑褐色；雌虫腹末端呈半椭圆形，略超过鞘翅末端；雄虫腹末端呈半圆形，不超过鞘翅。

图84　成　虫

A雄成虫　B雌成虫

卵：椭圆形，表面光滑，初产淡黄色，后渐变成橘黄色，最后呈褐色。

幼虫：末龄幼虫体长8 ～ 13毫米，体黄色至黄褐色，头部深褐色，体节11节，第1节体背硬化，中胸至腹部末端每节均有黑褐色毛片，中、后胸两侧各有4个，腹部第1 ～ 8节两侧各有5个黑褐色尾片（图85）。

蛹：裸蛹，长5 ～ 7毫米，黄色（图86）。

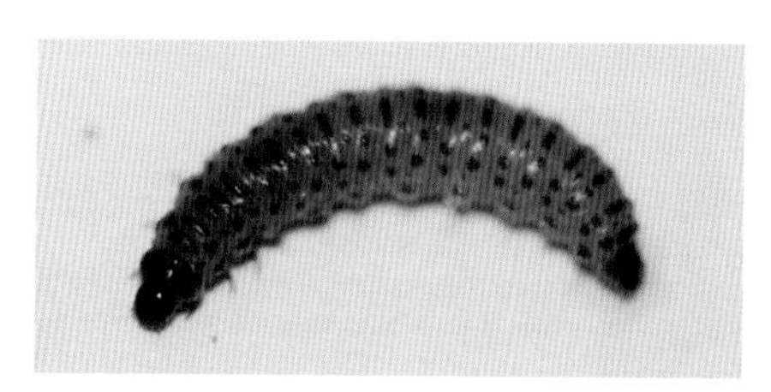

图85　幼　虫

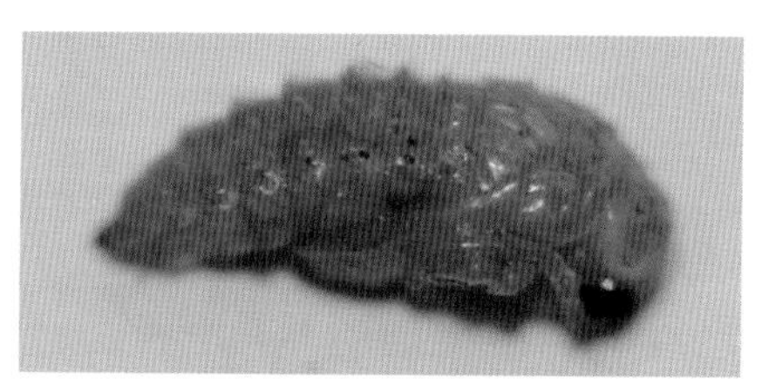

图86　蛹

发生特点

发生代数	1年发生1代
越冬方式	以卵在土中越冬
发生规律	6月上旬幼虫开始为害，7月上中旬进入为害盛期，7月中下旬幼虫老熟，在土中1～2厘米处作土茧化蛹，蛹期4～7天，7月下旬成虫陆续羽化
生活习性	幼虫可转株为害，每天清晨9：00前和下午5：00后，是转株为害时期，这时常在虫孔及被害株根部附近发现幼虫在植株内为害，7月中旬以后玉米植株长大后，幼虫不再转株为害，多在一株内为害；成虫白天活动，夜晚栖息，具有假死性，多集中在田间的小蓟上取食；成虫将卵产在疏松的玉米田土表成团状，每头雌虫可产卵10余粒，多者30余粒

防治方法

1.农业防治　①合理轮作。严重发生地区可与马铃薯、豆类等非寄主作物轮作，有条件的地区可实行水旱轮作。②降低越冬虫源。及时清除田间、地埂、渠边杂草，秋季深翻灭卵，降低越冬害虫基数。

2.化学防治　①种子处理。用含噻虫胺、噻虫嗪、氟虫腈或丁硫克百威成分的种衣剂包衣。②药剂灌根。为害初期用40%辛硫磷乳油1 000～1 500倍液、40%乐果乳油500倍液或15%毒死蜱乳油500倍液灌根。③撒施毒土。用2.5%敌百虫粉剂1～1.5千克，拌细土20千克，搅拌均匀后，顺垄撒在玉米根周围，杀灭转移为害的幼虫。

耕葵粉蚧

耕葵粉蚧东北地区和黄河中下游地区分布较为普遍，可为害玉米、小麦、谷子、高粱等禾本科作物及禾本科杂草。

分类地位　耕葵粉蚧（*Trionymus agrestis*）属半翅目粉蚧科。

为害特点　耕葵粉蚧主要在玉米苗期至拔节期为害，以雌成虫和若虫在近地面的叶鞘内、根部及茎基部呈白粉絮状聚集为害（图87），将刺吸式口器插入植物组织，吸取汁液。以4～6叶期玉米苗为害最重，受害苗初期叶鞘发黄，叶片从叶尖、叶缘开始发黄，自下而上逐渐卷曲、干枯，生长缓慢，茎基部和根尖被害后变黑腐烂，严重时不能结穗，甚至整株死亡。

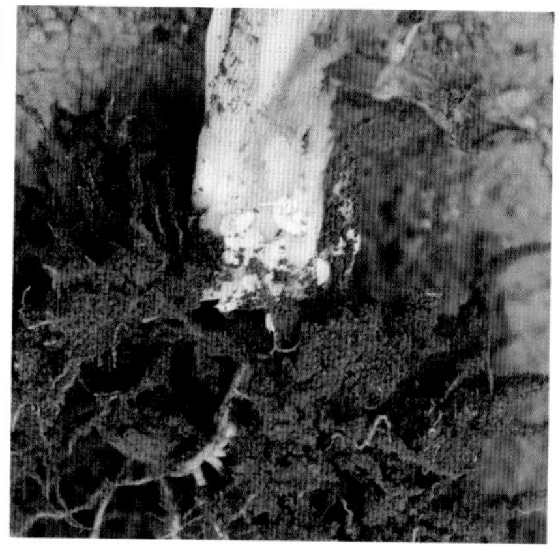

图87　耕葵粉蚧为害玉米根部及茎基部

形态特征

成虫：雌雄异型。雌成虫体长3.0 ~ 4.2毫米，宽1.4 ~ 2.1毫米，长椭圆形，稍扁平，两侧缘近于平行，体红褐色，披以白色蜡粉，无翅，触角8节，足发达（图88）。雄成虫瘿蚊状，体长1. 42毫米，深黄褐色，有1对白色透明前翅，后翅退化为平衡棒。

卵：长椭圆形，长0.49毫米，宽0.27毫米。初产时橘黄色，孵化前浅褐色。卵产于卵囊中，卵囊白色，棉絮状，有卵150 ~ 500粒。

若虫：共2龄。一龄若虫体长0. 6毫米左右，橘黄色，无蜡粉；二龄若虫体长0. 9毫米，体表出现白色蜡粉（图89）。

图88　雌成虫

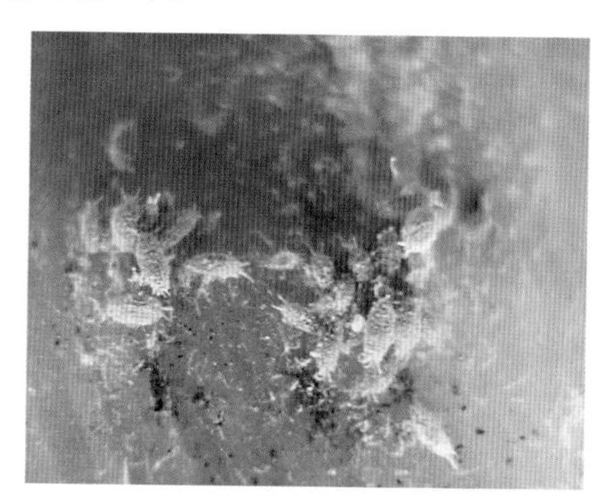

图89　若　虫

蛹：雄蛹体长1.15毫米，长形略扁，黄褐色，触角、足、翅芽等明显外露。

茧：长椭圆形，初产橘黄色，孵化前淡褐色。

发生特点

发生代数	河北中南部1年发生3代
越冬方式	以卵在卵囊中附着于田间留下的玉米根茬或秸秆上越冬
发生规律	耕葵粉蚧的发生与许多地区的耕作制度和方式有关。小麦—玉米一年二熟制田块发生重，前茬为大豆、棉花、蔬菜的发生较轻。在黄淮海夏玉米区春季4月下旬为越冬卵孵化盛期，越冬代一龄若虫从越冬场所向小麦根部转移为害，为害盛期为5月中下旬，6月上旬为田间一代卵盛期，大量卵留在小麦根茬上，6月中下旬一代卵孵化期与夏玉米苗期相遇，为害玉米幼苗，为害盛期在6月下旬至7月上旬；第2代发生于8月上旬至9月中旬，多聚集在地上部叶鞘内为害，此时玉米生长已经进入后期，此代对玉米产量影响不大。在河北北部春玉米区，越冬代在4月底至6月下旬发生，主要为害早播春玉米；为害盛期在6月上中旬，此代为主害代
生活习性	不喜高温，早晚聚集在根颈部为害，炎热时躲避到较深的土层中，小麦与玉米套种的田块、免耕田块，以及管理粗放、杂草防治较差的田块发生较重

防治适期 一龄若虫期活泼，没有分泌蜡粉，抗性较差，聚集未分散，是防治的关键时期。

防治方法

1.农业防治 ①实行轮作。在发生严重的地块与双子叶作物轮作倒茬，减少虫源。②清除田边杂草，减少寄主，降低虫源基数。③小麦、玉米等作物收获后及时深耕灭茬，并将根茬带出田外集中处理。④选用抗虫品种。玉米品种间抗性存在较大差异，应选用苗期发育快的品种，可有效减轻该虫为害。

2.化学防治 ①种子处理。用有效成分为吡虫啉、噻虫嗪、噻虫胺或丁硫克百威种衣剂包衣处理，对苗期虫害具有较好防治效果。②喷雾防治。防治适期可选用10%吡虫啉2 000倍液、1.8%阿维菌素3 000倍液在玉米苗根茎部喷雾。

根土蝽

根土蝽可为害小麦、玉米、高粱、谷子、甘蔗根部，也可取食禾本科杂草，在华北、东北、西北、福建及台湾均有分布。

分类地位 根土蝽（*Stibaropus formosanus*），又称麦根蝽，俗名地臭虫、土臭虫、地壁虱等，属半翅目土蝽科。

为害特点 成虫和若虫在土壤中以口针刺吸玉米根部汁液（图90），被害玉米根系生长不良，根稀疏，根毛较少或无，常褐色腐烂；被害玉米植株从下部叶片开始发黄，苗弱，植株矮小，发育不良，不结实或果穗瘦小，严重时下部叶片枯死，植株早衰（图91）。根土蝽在田间为害呈点片状分布。

图90　成虫、若虫在根系上刺吸为害

图91　被害幼苗

形态特征

成虫：体略呈椭圆形，长4 ～ 5毫米，宽2. 4 ～ 3. 4毫米，体色橘红至深红色，有光泽。头向前方突出，头顶边缘黑褐色，有1列刺，触角4节。前胸宽阔，小盾片为三角形，前翅基半部革质，端半部膜质，后翅膜质。前足腿节短，胫节略长，跗节黑褐色变为“爪钩”（图92）。

卵：椭圆形，长1. 2 ～ 1. 5毫米，初产时乳白色，略透明，逐渐变为浅灰色（图93）。

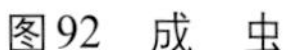
图92　成　虫

图93　卵

若虫：共5龄。一龄若虫体长1毫米，乳白色。三龄若虫体长2.2毫米，黄白色，头、胸部色较深，腹部背板上有3条黄色横纹，翅芽出现，臭腺隐可见。末龄若虫体长与成虫相近，头部、胸部、翅芽黄色至橙黄色，腹部白色，腹背有3条黄线。

发生特点

发生代数	不同地区发生代数存在差异，河北、山东、山西、陕西2年发生1代，辽宁绵州2年或2.5年发生1代，个别年份3年发生1代
越冬方式	不同地区的越冬方式存在差异，河北、山东、山西，以成虫或若虫在土中30～60厘米深处越冬，陕西、辽宁锦州以成虫越冬
发生规律	在黄淮海地区，4月中旬出土为害小麦，在小麦灌浆期形成为害高峰。小麦收获后，转移到玉米上为害，在玉米苗期形成为害高峰。9月下旬，成、若虫向土壤深层转移准备越冬，一般越冬深度在40～60厘米。旱地、沙土地、免耕地块、小麦玉米连作地块发生重。多雨年份为害轻，干旱年份为害重，土壤有机质含量高为害轻，贫瘠土壤为害重
生活习性	成虫、若虫有群集习性；成虫羽化后经8～9天开始交尾，有多次交尾习性；成虫喜欢栖息在土壤含水量为15%～30%的沙质土壤和沿河坡地，如土壤干旱，成、若虫则向深层转移

防治适期　防治根土蝽主要有两个关键时期，一个是在种植前，可进行种子包衣或者用杀虫剂拌土撒到地里进行预防，另一个时期就是在发生为害初期撒毒土或者用杀虫剂进行灌根。

防治方法

1.农业防治　①合理轮作。这是一种简便易行、经济有效的防治方法，可与棉花、花生等非禾本科作物轮作。②要加强禾本科杂草防除，以断绝根土蝽的食物来源。③秋季深耕。破坏根土蝽的适生环境，减少越冬基数。

2.化学防治　①种子处理。可用5%氟虫腈（锐劲特）悬浮种衣剂包衣。②撒施毒土。在播种时施用5%辛硫磷颗粒剂与细土拌匀洒在播种沟内，或用50%辛硫磷乳油拌干细土撒施在根际后浇水。③药剂灌根。48%毒死蜱乳油2 000倍液或40%辛硫磷乳油1 000倍液灌根，每株灌30 ～ 50毫升。

玉米蛀茎夜蛾

分类地位　玉米蛀茎夜蛾（*Helotropha leucostigma*）属鳞翅目夜蛾科，别名大菖蒲夜蛾、玉米枯心夜蛾。

为害特点　幼虫多为害玉米幼苗近地表的茎基部，咬孔蛀入并向上取食（图94），有时也从根部蛀入，导致幼苗心叶萎蔫或全株枯死（图95）。被害部位可见明显蛀孔，但极少蛀断幼茎。

图94　茎基部钻蛀为害

图95　枯心苗

形态特征

成虫：体长15 ～ 70毫米，翅展32 ～ 34毫米。前翅黄褐色，有1个乳黄色肾纹，翅顶角有1个椭圆形浅黄斑，前缘有黑色弧形纹（图96）。

卵：长0.7毫米，黄白色，扁圆馒头形，卵块为不规则条状。

幼虫：老熟幼虫体长28 ～ 35毫米，头部深棕色，前胸盾板黑褐色，胸足浅棕色，腹部背面灰黄色，腹面灰白色，毛片、臀板黑褐色，臀板后缘向上隆起，上面具向上弯的爪状突起5个，中间的突起最大，是该幼虫的主要特征（图97）。

蛹：体长17 ～ 23毫米，背面第4 ～ 7腹节前端具不规则刻点，腹部末端钝，两侧各具浅黄色钩刺2个。

图96　成　虫

图97　老熟幼虫

发生特点

发生代数	1年发生1代
越冬方式	以卵在杂草上越冬
发生规律	翌年5月中旬卵孵化，6月上旬幼虫为害玉米苗；气候温暖湿润有利于玉米蛀茎夜蛾发生，靠近荒地、免耕田、套播田、低洼地受害重
生活习性	幼虫有转株为害、相互残杀的习性，一般一株仅一头幼虫；成虫有趋光性，在田间杂草上产卵

防治方法

1. 农业防治　①清除田边杂草，消灭越冬寄主，可减轻为害。②增加播种量，结合玉米间苗、定苗拔除虫株。

2. 化学防治　①种子处理。可选用含丁硫克百威、溴氰虫酰胺或氯虫苯甲酰胺成分的种衣剂包衣或拌种。②撒施毒土。发现玉米苗受害时，可用75%辛硫磷乳油500毫升兑水，拌120千克细土；或2.5%敌百虫粉剂2～3千克加20～30千克细土拌成毒土，顺垄撒在幼苗根际处。③灌根或根际喷雾。可用48%毒死蜱乳油或40%辛硫磷乳油1 000倍液灌根，或用48%毒死蜱乳油、1.8%阿维菌素乳油2 000倍液根际喷雾。

弯刺黑蝽

弯刺黑蝽是玉米苗期的重要害虫，还可为害旱稻、高粱、小麦、薏苡等作物。

分类地位 弯刺黑蝽（*Scotinophara horvathin*）属半翅目蝽科，俗称“屁斑虫”。

为害特点 以成虫和若虫在玉米苗茎基部和根部刺吸汁液。5叶期之前被害后，心叶枯萎、干枯，发育成畸形苗和枯心苗。5～10叶期被害后，叶片出现成排的孔洞，心叶卷曲、皱缩，整株玉米矮化变形，分蘖多，呈畸形不结实。拔节后期玉米被害较轻（图98）。

图98　弯刺黑蝽为害玉米苗

形态特征

成虫：体宽椭圆形，褐色，密布黑褐色刻点及黄色短毛，头、前胸背板前半部及两侧角黑色，前胸背板前外侧刺粗大且长，呈钩状向前伸出，两侧角刺之间的横沟较深，沟的前方具突起。雌虫体长9 ~ 10毫米，腹末钝圆；雄虫体长8 ~ 9毫米，生殖囊端部两侧各具有1个弯向背面的刺突（图99）。

卵：呈杯状，卵盖隆起，卵开始为灰绿色或蓝灰色，孵化前呈暗紫色。卵块成双排状，每块卵块具卵5 ~ 10粒（图100）。

若虫：共4 ~ 6龄。一龄若虫外形如小瓢虫，腹部下半身有突起，有粉红色斑点；二龄若虫头部侧叶和前叶等宽，中部叶比侧叶长；三龄若虫头部的中部叶几乎与侧叶一样长，深棕色；四龄若虫头中部叶比侧叶短，黄棕色或深棕色；五龄若虫头的中部叶比侧叶短，为侧叶宽度的一半；五龄后期，头的中部叶比侧叶更短、更窄，翅芽延伸到腹部第3节间。

图99　成　虫

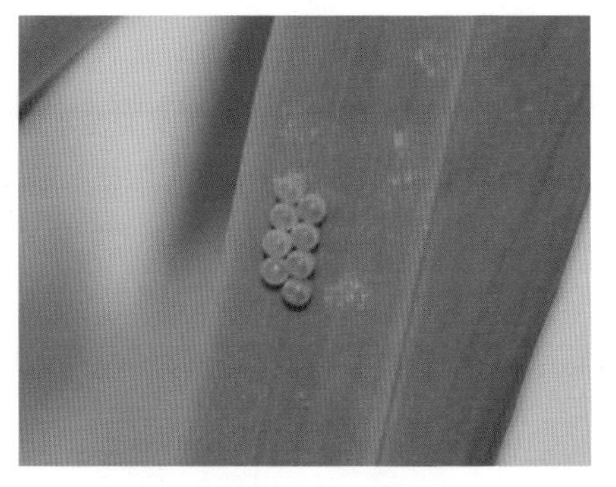

图100　卵　块

发生特点

发生代数	一年发生1 ~ 2代
越冬方式	以二代成虫和少量若虫在土中、玉米残体茎基部及杂草中越冬
发生规律	在4月中、下旬为第一代产卵盛期，为害高峰期在5月上中旬；7月上、中旬为第二代产卵盛期，由于玉米处于成株期，危害损失很小，卵历期5 ~ 12天，若虫期40 ~ 90天，成虫期60 ~ 220天
生活习性	成虫和若虫在温度升高时，开始活跃，白天在表土中移动取食，平常栖息于玉米根部土壤中，具有假死性，怕光，并能释放臭气；成虫有翅，但未见飞行

防治适期 出苗到5叶期前是最佳的防治时期，可利用弯刺黑蝽怕光这一习性进行人工捕杀。

防治方法

1.农业防治 ①合理轮作。玉米与大豆、甘薯、烟草等非禾本科作物的轮作，可减轻为害。重发区可推广水旱轮作。②减少虫源。及时清理农田周围杂草，减少虫源基数；收获后，拔除茎秆，浇水，减少越冬成虫、若虫基数。③人工捕杀。当田间零星出现被害玉米苗时，结合玉米第一次中耕，用竹片轻轻刨开被害玉米苗根部表土，查找弯刺黑蝽，人工杀死。

2.化学防治 ①种子处理。在玉米播种前进行包衣，如每100千克种子可选用40%丁硫克百威水乳剂285 ~ 400毫升、15. 5%福·克悬浮种衣剂2 222 ~ 2 857毫升等进行种子包衣。②根部施药。可在玉米5叶期前，用10%的氯氰菊酯乳油2 000 ~ 3 000倍液或40%辛硫磷乳油1 000倍液对玉米苗茎基部喷雾；也可每亩用草木灰加巴丹粉100 ~ 150克，铺施于植株根部周围或穴地，可有效防治害虫。

灰地种蝇

灰地种蝇原产于欧洲，1865年传入北美，目前已经在全世界均有分布。

分类地位 灰地种蝇（*Delia platura*）属双翅目花蝇科，又称灰种蝇、种蝇、地蛆等。

为害特点 以幼虫蛀食萌动的玉米等作物的种子、幼苗的根系和幼茎（图101、图102），引起幼苗萎蔫、死亡。

图101 灰地种蝇为害玉米种子

图102 灰地种蝇为害玉米苗根系

形态特征

成虫：体长4 ~ 6毫米。雄虫体暗褐色，两复眼距离较近，几乎相接触，触角黑色，芒状，腹部背面中央有1条黑色纵纹，各腹节间均有1条黑色横纹，足黑色，后足胫节后内侧生等长的稠密短毛，其排列成行且末端弯曲，外侧生有3根长毛。雌虫体色稍浅，黄色或黄褐色，复眼间距离较宽，为头宽的1/3，胸背上有3条褐色纵纹，腹部背面中央纵纹不明显，中足胫节的前外侧仅生1根刚毛（图103）。

卵：乳白色，长椭圆形，稍弯，表面有网状纹（图104）。

幼虫：老熟幼虫体长4 ~ 6 毫米，浅白色至浅黄色，头退化，仅有1对黑色口钩，虫体前端细后端粗，尾端有7对肉质突起（图105）。

蛹：椭圆形，长4 ~ 5 毫米，红褐或黄褐色，前端稍扁平，后端圆形并有几个突起（图106）。

图103　成　虫

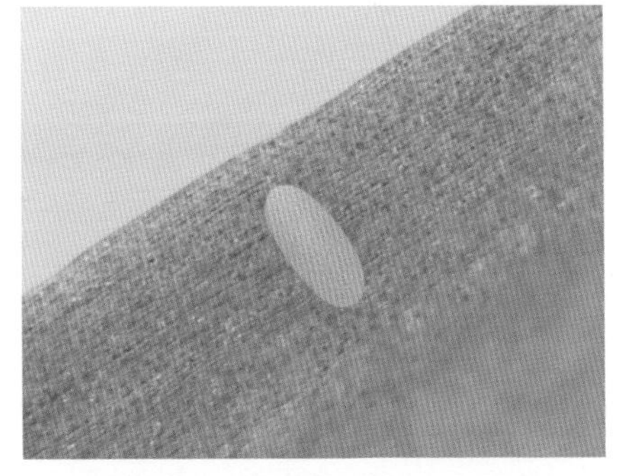

图104　卵

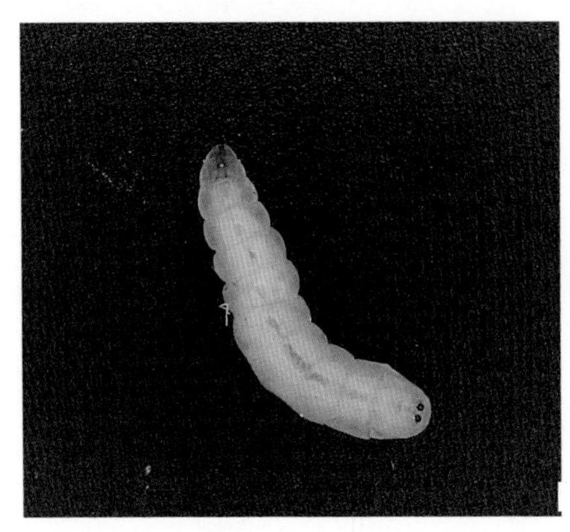

图105　幼　虫

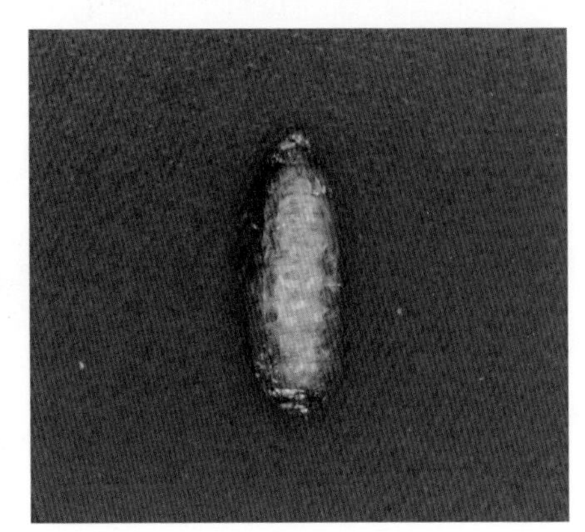

图106　蛹

发生特点

发生代数	一年发生2～5代
越冬方式	北方以蛹在土中越冬，南方长江流域冬季可见各虫态
发生规律	水肥充足、动物粪肥撒施表面的田块以及施用未腐熟动物粪便的田块，有利于灰地种蝇的发生；前茬为大白菜等蔬菜的田块，冬季未翻耕的田块，下茬种春玉米发生为害重
生活习性	成虫喜白天活动，幼虫多在表土下或幼茎内活动；不耐高温，35℃以上，70%卵不能孵化，幼虫、蛹死亡，故夏季灰地种蝇少见

防治方法

1.农业防治　①施用完全腐熟的有机肥。由于灰地种蝇喜在农家肥堆上活动并产卵，因此要施用完全腐熟的有机肥，严禁生粪入地。②深翻地块。收获后对地块进行深翻，将灰地种蝇的幼虫或蛹翻至地表。

2.化学防治　①人工诱杀成虫。用糖、醋、酒、水和90%敌百虫晶体以3 ：3 ：1 ：10 ：0.6（*V/V*）的比例混合制成糖醋液，进行人工诱杀；利用腐败洋葱头、韭菜拌50%辛硫磷乳油1 000倍液诱杀。②土壤处理。在上茬灰地种蝇为害严重地块，玉米播种前，每亩用48%毒死蜱乳油250毫升兑水50升，均匀喷洒地面；或撒施辛硫磷、毒死蜱颗粒剂，然后浅耕。③种子处理。利用氯虫苯甲酰胺、溴氰虫酰胺或噻虫嗪等杀虫剂对玉米种子进行包衣或拌种处理，对灰地种蝇有很好的控制作用。④喷雾处理。成虫发生期可交替喷洒48%毒死蜱乳油1 500倍液、2.5%溴氰菊酯3 000倍液进行防治。发生严重的地块，采用50%辛硫磷乳油800倍液或48%毒死蜱乳油1 500倍液进行根部喷施处理。

黏虫

黏虫为我国重要的迁飞性害虫，间歇性发生的多食性、暴食性害虫。除新疆外，我国各地均有分布，主要为害玉米、水稻、小麦、蔬菜等作物。

分类地位 黏虫（*Mythimna separata*）属鳞翅目夜蛾科，又称东方黏虫，俗称行军虫、剃枝虫。

为害特点 低龄幼虫聚集为害，咬食玉米叶片呈孔洞状；三龄以后食量增大，咬食叶片边缘成缺刻状，五、六龄进入暴食期，可将幼苗全部吃光，或整株叶片吃光仅剩主脉，再成群转移至附近田块为害，造成严重减产，甚至绝收。也可为害果穗，咬食花丝和穗尖，并取食籽粒（图107）。

图107　黏虫田间为害状

形态特征

成虫：淡褐色或浅灰褐色，体长17 ~ 20毫米，翅展40 ~ 45毫米，触角丝状。前翅中央近前缘有2个近圆形的黄白色斑，中室下方有1个小白点，两侧各有1个黑点，翅顶角有1条暗褐色斜线延伸至翅中央部分后消失。前缘基部有针刺状翅缰与前翅相连，雌蛾翅缰3根，均较细；雄蛾只有1根，较粗壮（图108）。这是区别雌雄性别的重要特征之一。

卵：馒头形，直径0.5毫米，有光泽，初乳白色，渐变成黄褐色，即将孵化时呈黑灰色。卵块由数十粒至数百粒组成，多为3～4行排列成长条状（图109）。

幼虫：共6龄。老熟幼虫长36～40毫米，体色黄褐色至墨绿色。头部红褐色，沿蜕裂线有褐色丝纹，呈"八"字纹。体色多变，全身有数条纵行条纹，背中线灰白色较细，两边为黑细线，亚背线红褐色或黑褐色（图110）。

蛹：褐色，长20毫米，腹部5～7节各有一横排小点刻；尾刺4根，中间两根粗直，侧面两根细且弯曲（图111）。

图108　雄成虫

图109　卵　块

图110　幼　虫

图111　蛹

发生特点

发生代数	1年发生2～8代，发生代数随纬度和海拔高度升高而降低
越冬方式	在北纬33°以北地区不能越冬，长江以南地区以幼虫和蛹在稻桩、杂草、麦田表土下等处越冬
发生规律	黏虫每年有规律地进行南北往返迁飞，一般每年迁飞4次。春夏季多从低纬度向高纬度或从低海拔向高海拔地区迁飞，秋季从高纬度向低纬度或从高海拔向低海拔迁飞。3～4月从长江以南向黄淮以北地区迁飞，主要为害麦类，5～6月又迁飞到东北、西北和西南等地繁殖为害，8月以后又陆续迁回至南方低纬度地区越冬
生活习性	成虫有趋光性和趋化性；幼虫畏光，白天潜伏在心叶或土缝中，傍晚爬到植株上为害，幼虫常成群迁移到附近地块为害

防治适期 幼虫三龄前聚集为害，抗性较差，适合在三龄以前进行防治。

防治方法 可采用越冬区压低越冬虫口数量，做好迁飞和预测预报，防治适期喷雾防治的策略。

1.农业防治 ①在长江流域以南越冬区，进行种植结构调整，合理调整作物布局，减少小麦种植面积。②清除田间秸秆、杂草，在卵期和低龄幼虫期及时除草和中耕培土，破坏黏虫产卵场所和幼虫食源，压低虫源基数，抑制黏虫集中发生为害。③在黏虫化蛹前对玉米田进行浅灌，降低黏虫化蛹率和成虫羽化率。

2.理化诱控 利用成虫对糖醋液、杨树枝把、谷草把、性诱剂和灯光的趋性来诱杀成虫，集中灭杀，降低产卵数量。

3. 生物防治 ①在产卵初期，释放赤眼蜂等卵寄生蜂，对黏虫有很好的防控效果。②在黏虫卵孵化盛期和低龄幼虫阶段，利用苏云金杆菌(Bt)、球孢白僵菌等微生物农药，或昆虫生长调节剂灭幼脲或植物源杀虫剂印楝素等喷雾防治。

4. 化学防治 在防治适期，于清晨或傍晚幼虫在叶面上活动时，喷施速效性强的药剂，如高效氯氰菊酯、氯虫苯甲酰胺、溴氰菊酯等。

劳氏黏虫

劳氏黏虫分布于广东、福建、四川、江西、湖南、湖北、浙江、江苏、山东、河南等地。主要取食玉米、小麦、水稻等粮食作物及禾本科杂草。

分类地位 劳氏黏虫（*Leucania loreyi*）属鳞翅目夜蛾科，别名剃枝虫、行军虫。

为害特点 在玉米苗期，刚孵化的幼虫首先取食心叶，将心叶食成孔洞状，而后取食其他叶片，把叶片食成缺刻状，严重时只剩叶脉（图112）。在玉米穗期，幼虫取食花丝和幼嫩籽粒，严重时花丝被吃光，影响授粉，还可钻入果穗咬食籽粒，并在其中排便，污染果穗（图113），严重影响玉米的产量和品质。

图112　劳氏黏虫为害叶片

图113　劳氏黏虫为害果穗

形态特征

成虫：体长14 ~ 20毫米，翅展33 ~ 44毫米。头部和胸部灰褐色至黄褐色，腹部白色。前翅褐色或灰黄色，前缘和内线暗褐色，无环形纹和肾形纹，翅脉白色带褐色条纹，翅脉间有褐色点，中室基部下方有1条黑色纵条纹，中室下角有1个小白点，前翅顶角有1个三角形暗褐色斑，外缘部位的翅脉上有一系列黑点，端线也为一系列黑点，缘毛灰褐色（图114）。

卵：馒头形，白色透明状，表面有不规则网纹（图115）。

幼虫：共6龄。体黄褐色至灰褐色，头部暗褐色，颅中沟及蜕裂线外侧有粗大的黑褐色“八”字纹，唇基有1块褐斑，左右颅侧区具有暗褐色网状细纹。背面有5条白色纵线，背线两侧有暗黑色细线。气门上线与亚背线之间呈赭褐色，气门线和气门上线之间的区域呈土褐色，气门线下沿至腹部上缘区域浅黄色。气门椭圆形，围气门片黑色，气门筛黄褐色（图116）。

蛹：初化蛹时为乳白色，渐变为黄褐色至红褐色。腹部末端中央着生1对尾刺稍弯向腹面，两根刺基部间距较东方黏虫大，伸展呈“八”字形，基部粗，向端部逐渐变细，顶端不卷曲（图117）。

图114　成　虫

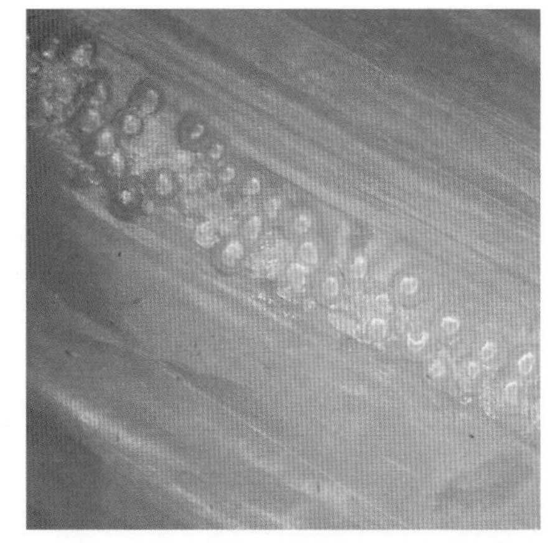
图115　卵

图116　幼　虫

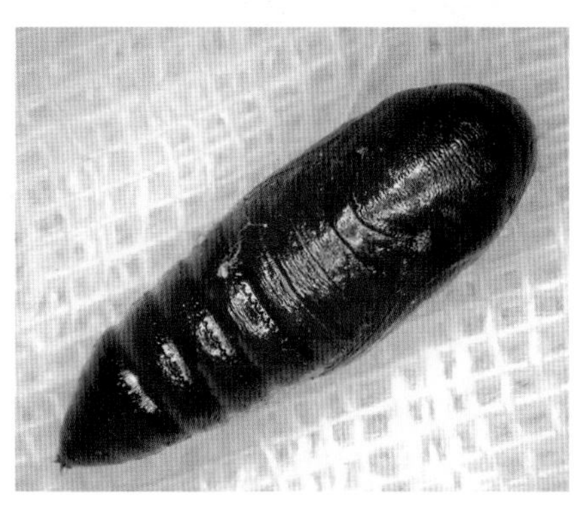
图117　蛹

发生特点

发生代数	我国各地发生代数不同，广东1年发生6～7代，福建、江西等地1年发生4～5代，在河南1年发生3～4代
越冬方式	在广东以幼虫和蛹在杂草和再生稻中越冬，天气转暖幼虫仍可取食，无冬眠现象
发生规律	在河南，第1代幼虫发生在5月至6月上旬，为害盛期在5月下旬至6月上旬，主要为害春玉米，取食叶片，因春玉米种植面积小且苗龄较小，幼虫多在6～8叶期集中为害，受害严重；第2代幼虫发生在6月底至7月，为害夏玉米，取食叶片，为害盛期在7月上中旬；第3代幼虫发生在8月，为害盛期在8月中下旬，低龄幼虫取食花丝，四龄以后取食玉米籽粒，是为害夏玉米最重的一代；第4代幼虫发生在9月，与第3代重叠发生，为害特点同第3代，此时，夏玉米已陆续成熟，幼虫主要为害晚播田块及补种的植株
生活习性	成虫有趋光性和趋化性，喜在叶鞘内部、叶面上产卵，并分泌黏液，将叶片与卵粒粘卷；幼虫有假死性，幼虫孵化后，白天潜伏在心叶内、未展开的叶片基部、叶鞘与茎秆间的缝隙内或苞叶内、花丝里，夜间外出取食，老熟幼虫常在草丛中、土块下等处化蛹

防治适期 在卵孵化初期至幼虫三龄前防治。

防治方法

1.农业防治　在黄淮地区，5月下旬至6月上旬，抓紧春玉米的田间管理，及时进行中耕，可杀死第1代蛹，减少第2代发生数量。

2.物理防治　成虫发生期设置黑光灯等灯诱装置诱杀成虫，可以达到事半功倍的效果。

3.化学防治　第1～2代严重发生时，可用2.5%溴氰菊酯乳油450毫升/公顷，或3%阿维·高氯乳油1 500～2 000倍液喷雾防治；夏玉米穗期防治第3代幼虫，可用90%敌百虫晶体500～800倍液喷涂花丝和穗顶。

草地螟

草地螟是北方农牧交错区间歇性暴发的害虫，具有突发性、迁移性、毁灭性的特点，属迁飞性害虫。国内分布于新疆、内蒙古、黑龙江、吉林、辽宁、宁夏、甘肃、青海、河北、北京、山西、陕西等地。

分类地位 草地螟（*Loxostege sticticalis*）属鳞翅目草螟科，又名网锥额野螟、黄绿条螟、甜菜网螟等。

为害特点 一代低龄幼虫取食玉米幼苗叶背叶肉，吐丝结网，群集为害，受惊后吐丝下垂（图118）。高龄幼虫分散为害，食尽叶肉只留叶脉。二代幼虫在玉米穗期可取食花丝、苞叶和幼嫩籽粒（图119）。

图118　草地螟为害叶片

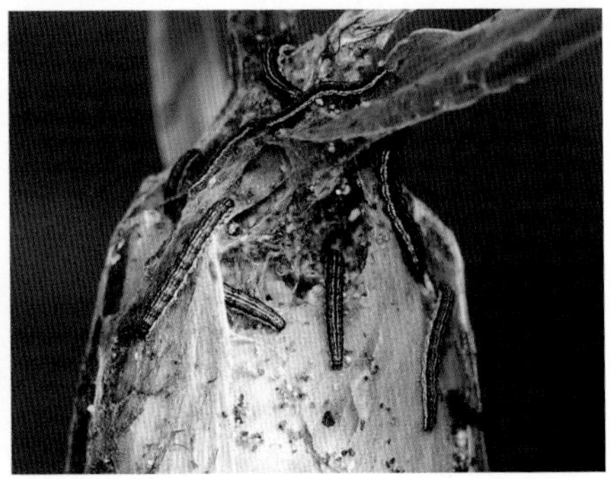

图119　草地螟为害果穗

形态特征

成虫：前翅灰褐色，上有暗褐色斑，外缘有淡黄色小点连成一条线，翅室中央有1个明显的淡黄色菱形斑，近顶角处有1个长条状黄白色斑；后翅淡灰褐色，有2条与外缘平行的黑色波状纹。停息时，两前翅叠成三角形（图120）。雄蛾的个体较小，翅展18 ~ 20毫米；而雌蛾的个体较大，翅展20 ~ 26毫米。雌蛾前胸背板呈铁铲状，扁平宽大；而雄蛾的前胸背板细小，呈梭状。雌蛾腹部宽而圆，末端生殖孔外露，较易识别。

卵：椭圆形，大小为（0.8 ~ 1.0）毫米×（0.4 ~ 0.5）毫米。初产时乳白色，略带光泽，后变为淡黄褐色，孵化前变黑色（图121）。

幼虫：共5龄。末龄幼虫体长19 ~ 21毫米，淡灰绿色、黄绿色或黑绿色，头部黑色，体躯有明显的褐色背线，两侧有黄绿色的线条，腹部为黄绿色，每节各有瘤状突2列，分列在背线两侧（图122）。

蛹：体黄色至黄褐色。蛹外包有口袋状丝质茧，茧直立于土表下，外附着细沙粒（图123）。

图120　成　虫

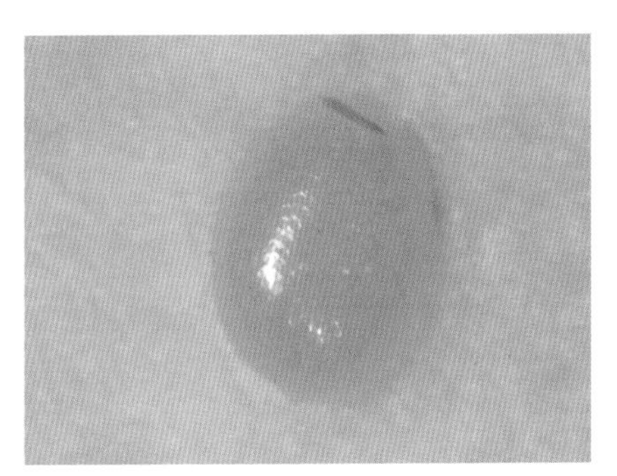

图121　卵

图122　幼　虫

图123　土　茧

发生特点

发生代数	常发区包括内蒙古大部、山西及河北北部等地，草地螟1年发生不完全3代，少数年份1年发生2代或3代；重发区主要包括内蒙古东部、辽宁西北部和黑龙江、吉林等地，1年发生不完全3代，少数年份1年发生2代或3代；偶发区主要包括宁夏、甘肃和陕西大部分地区以及新疆部分地区，宁夏银川、陕西榆林、甘肃兰州和天水等地1年发生2 ~ 3代，新疆阿勒泰及和田地区仅1年发生2代

（续）

越冬方式	以滞育的五龄幼虫（预蛹）在土茧中越冬
发生规律	越冬代成虫一般5月上中旬出现，6月上中旬盛发，第1代幼虫6月中旬至7月中旬严重为害，第2代幼虫一般年份为害很轻
生活习性	成虫趋光性强，经常成群聚集在开花植物上取食花蜜，喜将虫卵产在菊科、锦葵科、藜科、茄科植物的叶片上；幼虫有结网、假死的习性；初孵幼虫聚集在田间杂草叶上啃食为害，三龄后食量大增，转移到玉米上为害

防治适期 成虫迁入期利用灯光诱杀成虫，药剂防治最佳时期是在幼虫三龄前。

防治方法

1.农业防治 ①在草地螟越冬地区，秋季翻耕可压低虫源基数。②春季除草灭卵，及时清除田间杂草（特别是藜科杂草）并带出田外，集中处理。

2.物理防治 成虫迁入期设置高空探照灯、频振式杀虫灯诱杀成虫，效果较好。

3.生物防治 保护和利用本地天敌是草地螟生物防治的重要措施之一。还可使用微生物杀虫剂苏云金杆菌防治低龄幼虫，白僵菌防治高龄幼虫。

4.化学防治 对虫口密度高、集中连片发生区域，抓住幼虫低龄期实施统防统治和联防联控；对分散发生区实施重点挑治和点杀点治。推广应用乙基多杀菌素、茚虫威、甲维盐、虱螨脲、虫螨腈、氯虫苯甲酰胺等高效低毒农药，注重农药的交替使用、轮换使用、安全使用，延缓抗药性产生，提高防控效果。

甜菜夜蛾

甜菜夜蛾为间歇性爆发害虫，在我国分布广泛，以江淮和黄淮地区为害最重。可为害甜菜、棉花、玉米、高粱、马铃薯、茄子及黄瓜等多种作物，是一种多食性害虫。

分类地位 甜菜夜蛾（*Spodoptera exigua*）属鳞翅目夜蛾科，又称贪夜蛾、玉米叶夜蛾、白菜褐夜蛾。

为害特点 低龄幼虫聚集于玉米心叶中取食叶肉，留下一侧表皮，形成白色或半透明的斑点（图124）；高龄幼虫食量增大，取食形成孔洞或缺刻，严重时吃光叶肉，仅留叶脉或残留的叶片呈网状（图125），还可为害花丝和籽粒（图126）。

图124 低龄幼虫为害玉米苗

图125 高龄幼虫为害叶片

图126 高龄幼虫为害花丝

形态特征

成虫：体长10 ~ 14毫米，翅展25 ~ 32毫米。前翅灰褐色，前翅中央近前缘外方有肾形纹1个，内方有环形纹1个，肾形纹较环形纹大，粉黄色，中央褐色，黑边；中横线黑色，波浪形，外横线双线黑色；亚缘线白色，锯齿形；翅缘线为一列黑点，各点内侧均为白色。后翅白色，翅脉及缘线黑褐色（图127）。

卵：馒头形，白色。每个卵块有卵粒8 ~ 10粒。

幼虫：老熟幼虫体长22 ~ 26毫米，体色变化较大，由绿色至黑褐色不等。腹部气门下线为黄白色纵带，有时带粉红色，各节气门后上方有白色圆点（图128）。

蛹：黄褐色，长10毫米，基部和臀棘上各有刚毛2根，中胸气门显著外突。

图127　成　虫

图128　幼　虫

发生特点

发生代数	华北地区1年发生3 ~ 4代，山东江苏等地1年发生4 ~ 5代，长江流域1年发生5 ~ 6代
越冬方式	越冬北界在北纬38°，以蛹和老熟幼虫在杂草和土缝中越冬，长江以南可以各种虫态越冬
发生规律	主要为害期在7 ~ 9月，第1代幼虫发生期多数集中在5 ~ 7月；土壤含水量高不利于化蛹，影响蛹的成活和正常羽化，夏季多雨年份甜菜夜蛾发生轻
生活习性	成虫昼伏夜出，白天潜伏于土缝、杂草及植物茎叶浓荫处，傍晚开始活动；成虫有趋光性，对低温敏感，抗旱性较弱，在田间点片状发生；幼虫受惊有假死性；老熟幼虫多在疏松表土内做土室化蛹，深度0.5 ~ 3厘米，表土坚硬时，可在土表或杂草地化蛹（不做土室），亦可吐丝缀合枯枝落叶在其内化蛹

防治适期 幼虫三龄前。

防治方法

1.农业防治　①减少田间虫源。秋季或冬季翻耕土地、消灭越冬蛹，减少越冬虫源；清除田间杂草，消灭部分初孵幼虫。②摘除卵块及捕杀低龄幼虫。卵块多产在叶背，被绒毛，易于发现，孵化后幼虫可群集为害，可人工摘除卵块并捕杀低龄幼虫。

2.理化诱控　采用频振式杀虫灯或黑光灯、性诱剂诱杀成虫。

3.生物防治　施用杀螟杆菌、青虫菌、除虫脲。

4.化学防治　①种子处理。每100千克种子用48%溴氰虫酰胺悬浮剂120～240毫升或40%溴酰·噻虫嗪悬浮剂300～600毫升进行种子包衣，对苗期甜菜夜蛾防效较好。②药剂喷雾。如3.2%甲维盐·氯氰微乳剂40～60毫升/亩、20%高氯·辛硫磷乳油80～100毫升/亩、5%高效氯氰菊酯乳油1 000倍液、10%阿维·毒死蜱乳油55～60克/亩、20%虫酰肼悬浮剂1 000～1 500倍液等杀虫剂喷雾防治。

温馨提示

喷雾时一般在清晨和傍晚进行。

斜纹夜蛾

斜纹夜蛾在我国大部分地区都有分布，是典型的多食性害虫，我国记载的有109科389种寄主植物，涉及玉米、高粱、水稻、棉花、豆类、蔬菜等。

分类地位 斜纹夜蛾（*Spodoptera litura*）属鳞翅目夜蛾科，又名夜盗虫、乌头虫、莲纹夜蛾。

为害特点 初孵幼虫群集为害，仅食叶肉，留下叶脉和表皮，形成半透明纸状“天窗”，呈纱孔状花叶（图129）；高龄幼虫食量增大，取食形成孔洞或缺刻，严重时可吃光叶片（图130）。

形态特征

成虫：体长14～20毫米，翅展35～40毫米，体深褐色，胸部背面

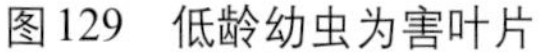
图129　低龄幼虫为害叶片

图130　高龄幼虫为害叶片

有白色丛毛，腹部前数节背面中央有暗褐色丛毛。前翅灰褐色，雄虫颜色稍深，内横线及外横线波浪形，灰白色，中间有白色条纹；肾状纹前部白色后部黑色，自前缘到后缘外方有3条白色斜线。后翅白色，常有淡红色或者紫红色闪光（图131）。

卵：扁半球形，直径0.4～0.5毫米，初产淡黄色，孵化前紫黑色。卵块由3～4层卵组成，覆盖有灰黄色疏松的绒毛（图132）。

幼虫：老熟幼虫体长38～50毫米，头部黑褐色，胸腹部颜色呈土黄至暗绿色等。中胸至第9腹节背面各具有近半月形或三角形黑斑1对，以第1、7、8腹节的较大，中后胸的黑斑外侧有黄白色小点（图133）。

蛹：长15～20毫米，初为红色，渐变为赤红色，臀棘较短，有1对大而弯曲的刺，刺基分开（图134）。

图131　成虫（左：雄蛾，右：雌蛾）

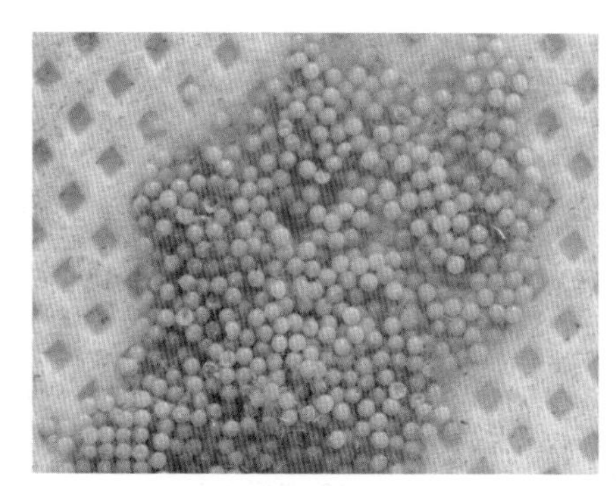

图132　卵　块

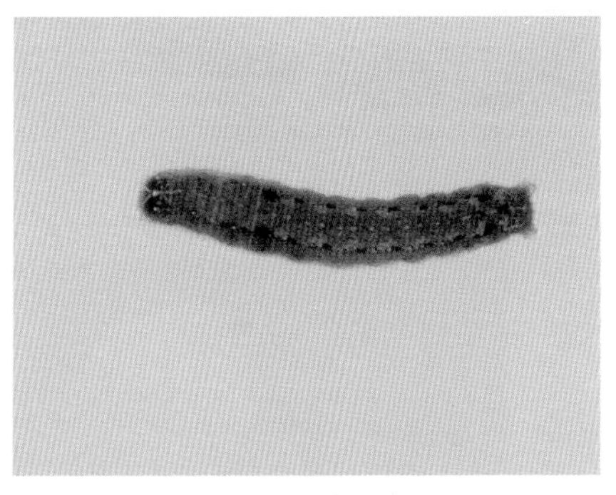
图133　幼　虫

图134　蛹

发生特点

发生代数	华北和西北地区1年发生4～5代，长江流域1年发生5～6代，福建1年发生6～9代，广东、广西、福建、台湾可终年繁殖，无越冬现象
越冬方式	在长江流域以北地区，该虫冬季易被冻死，越冬问题尚未定论；长江流域以南地区，以蛹越冬
发生规律	喜温性害虫，生长发育适温28～30℃，相对湿度75%～85%。38℃以上高温和冬季低温对其生长发育不利
生活习性	成虫昼伏夜出，飞翔力强，对糖醋液和黑光灯趋性强，喜在枝叶密集嫩绿的叶背部产卵；幼虫有假死性，遇惊扰蜷曲落地；温暖湿润地带常发，各年发生量不等，具有间歇猖獗发生的特点；老熟幼虫在表土下1～3厘米处筑一椭圆形土室化蛹

防治适期 幼虫三龄前。

防治方法

1. 农业防治　加强田间管理，及时清除田间杂草，消灭越冬场所。

2. 理化诱控　用糖醋液、性诱剂或杀虫灯诱杀成虫，降低田间虫口基数。

3. 药剂防治　采用10亿活芽孢/克苏云金杆菌可湿性粉剂100倍液或100亿活芽孢/克青虫菌可湿性粉剂100倍液喷雾防治。选用阿维菌素、高效氯氰菊酯、溴氰菊酯、虫螨腈、氯虫苯甲酰胺、溴氰虫酰胺、甲氨基阿维菌素苯甲酸盐、虫酰肼等药剂在幼虫三龄前喷雾防治，如15%阿维·毒死蜱乳油33～40毫升/亩、20%虫酰肼悬浮剂1 000～1 500倍液等。

古毒蛾

分类地位 古毒蛾（*Orgyia antiqua*）属鳞翅目毒蛾科。又名落叶松毒蛾、褐纹毒蛾、桦纹毒蛾、赤纹毒蛾、缨尾毛虫。

为害特点 初孵幼虫群集于叶背取食叶肉，残留上表皮；二龄幼虫开始分散活动，叶片被取食成缺刻和孔洞，严重时只留叶脉（图135）；还可取食花丝及幼嫩籽粒，影响授粉（图136）。

图135 幼虫取食叶片

图136 幼虫取食果穗

形态特征

成虫：雌蛾体长12 ～ 18毫米，翅退化为翅芽；体略呈椭圆形，灰色至黄色，有深灰色短毛和黄白色茸毛；复眼黑色，球形；头很小，触角丝状；足上布满黄毛，爪腹面有短齿（图137A）。雄蛾体长9 ～ 13毫米，前翅棕黄色，有3条波浪形深褐色微锯齿条纹，近臀角有1个半圆形白斑，中室外缘有1个模糊褐色圆点，缘毛黄褐色，有深色斑；后翅颜色与前翅相同；触角羽状（图137B）。

图137　成　虫

A 雌蛾　B 雄蛾

卵：圆形，直径0. 9毫米，灰白色至黄褐色，卵粒中央有1个淡黑色凹点，其周围有隆起的多角形刻纹，卵块单层平铺排列在茧外（图138）。

幼虫：共5龄，不同龄期其体长、体色和毛瘤等变化较大。老熟幼虫体长33 ～ 40毫米，头部灰色至黑色，有细毛。体黑灰色，有黄色和黑色毛。前胸两侧的红色毛疣上各斜伸出1束黑色毛束，似角。腹部第1 ～ 4节背面中央各有1束向上的杏黄色或黄白色刷状毛丛，着生处为黑色，腹部5 ～ 7节上有红色或黄色的瘤1对，第8腹节有向后伸出的1束黑色长毛束，在体侧每节也有红色或黄色瘤1对（图139）。

蛹：体长12 ～ 16毫米，初蛹期黄白色，渐变为黄褐色。雄蛹为被蛹，羽化前为黑褐色；雌蛹为裸蛹，呈瘫痪状，翅足退化，交配后的雌蛹为金黄色，未交配的雌蛹为深褐色。

茧：由老熟幼虫吐出的丝包围其身体而成，一般呈土黄色，纺锤形（图138）。

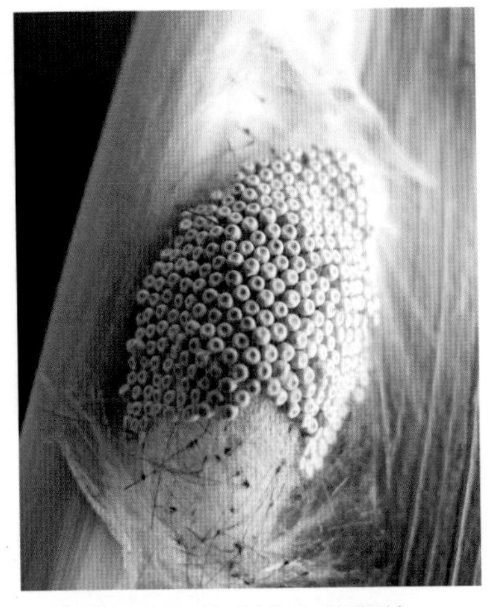

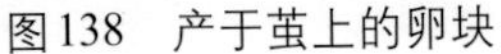
图138　产于茧上的卵块

图139　幼　虫

发生特点

发生代数	1年发生1～3代
越冬方式	以卵在树干、枝杈或树皮缝雌虫结的薄茧中越冬
发生规律	4月上中旬寄主发芽时开始活动为害，5月中旬开始化蛹，蛹期15天左右，越冬代成虫6～7月发生，第1代幼虫6月下旬开始发生，第1代成虫8月中旬到9月中旬发生，第2代幼虫8月下旬开始发生，危害到二至三龄，从9月中旬前后开始陆续进入越冬状态
生活习性	成虫多于夜间羽化，羽化后的雄蛾昼夜均可活动，交尾产卵大部分在白天进行，雄蛾有趋光性；初孵幼虫2天后开始群集于叶片上取食，能吐丝下垂，借风力分散为害，多在夜间取食

防治适期 三龄幼虫前，此时幼虫未进入暴食期。

防治方法

1. 农业防治　①秋翻或春翻，将越冬卵块翻入土中，减轻为害。②冬、春季人工摘除卵块，减少害虫数量。

2. 生物防治　保护利用小茧蜂、细蜂、姬蜂和寄生蝇等天敌。

3. 化学防治　玉米田严重发生时，可选用5%氟虫脲乳油1 500～2 000倍液、1.8%阿维菌素乳油4 000～6 000倍液或2.5%高效氯氰菊酯乳油2 000～2 500倍液喷雾。

双斑长跗萤叶甲

双斑长跗萤叶甲在我国南、北方均有分布，以东北、西北和华北发生较多，寄主包括玉米、豆类、马铃薯、棉花、蔬菜、果树等。

分类地位 双斑长跗萤叶甲（*Monolepta hieroglyphica*）属鞘翅目叶甲科，又称双斑萤叶甲、双圈萤叶甲。

为害特点 幼虫生活在表土中，为害玉米根系，在次生根表面形成一条条隧道，甚至钻入粗壮的根系内取食，仅留下表皮，根系上的伤口呈红色，幼虫食量很小，即使一株玉米遭到数十头幼虫为害，植株的地上部分也无明显症状，对玉米造成的为害较轻（图140）。

成虫取食玉米叶片、花丝和嫩粒。取食叶片，受害株叶片残留不规则白色网状斑和孔洞（图141）；取食花丝、花粉，影响授粉（图142）；取食幼嫩粒，伤口易被病菌侵入，诱发穗腐病（图143）。

图140　幼虫蛀食根系

图141　成虫为害叶片

图142　成虫为害花丝

图143　成虫取食籽粒

形态特征

成虫：长卵圆形，体长3.6 ~ 4.0毫米，宽2.0 ~ 2.6毫米。头、胸棕褐色，复眼黑色，具光泽。触角线状，11节，端部黑色。鞘翅前半部黑色，上有2个淡色斑，后面的黑色带纹向后突出呈角状，鞘翅后端半部黄色。胸部腹面黑色，腹部腹面黄褐色，腹末端外露于鞘翅。足胫节端半部与附节黑色，胫节基半部与腿节棕黄色，胫节端部具1根长刺（图144）。

卵：椭圆形，长0. 6毫米，卵壳表面有正六边形的网纹，初产棕黄色，之后颜色逐渐变深（图145）。

幼虫：共3龄。体长6 ~ 9毫米，黄白色，前胸背板浅褐色。体表有排列规则的毛瘤和刚毛，腹节有较深的横褶，腹末端为黑褐色的铲形骨化板，这是区别于其他叶甲幼虫的一个重要特征（图146）。

蛹：长2. 8 ~ 3. 8毫米，白色，表面具刚毛。触角从复眼之间向外侧伸出，向腹面转弯，前、中足外露，小盾片三角形，后胸背板大部可见，腹端有1对稍向外弯曲的刺（图147）。

图144　成　虫

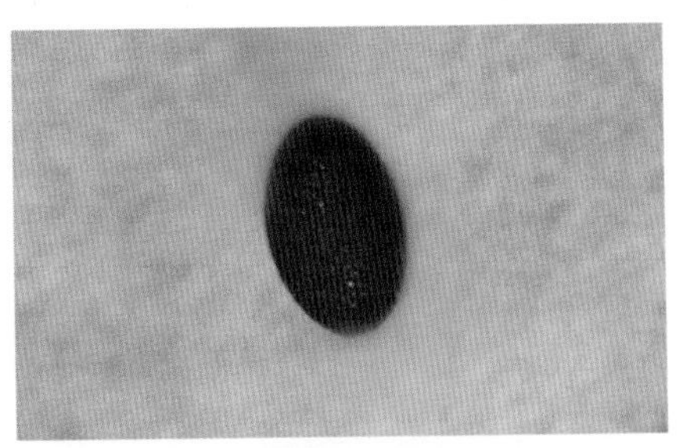

图145　卵

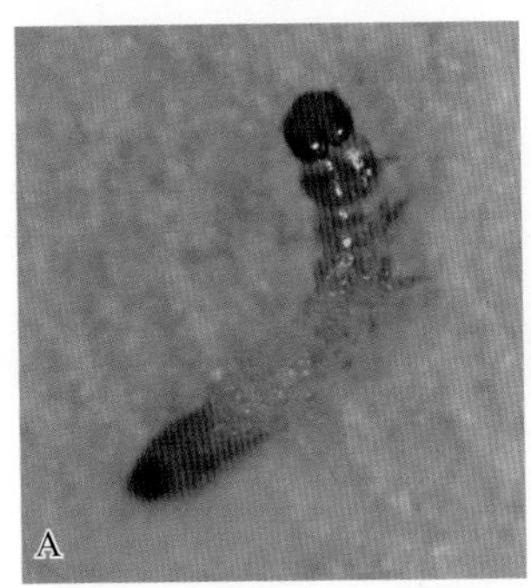

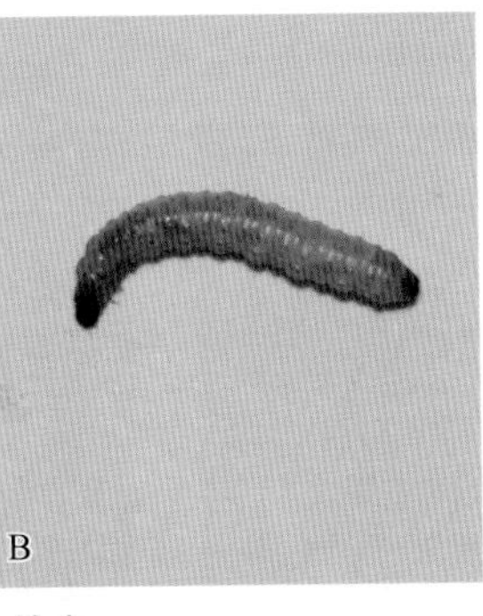

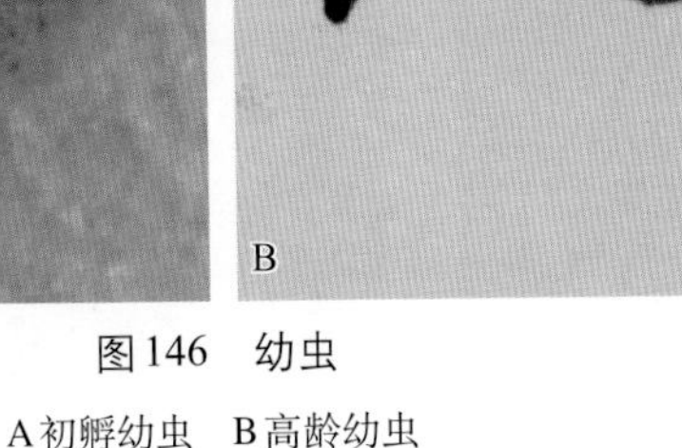

图146　幼虫

A初孵幼虫　B高龄幼虫

图147　蛹

发生特点

发生代数	1年发生1代
越冬方式	以滞育卵在寄主根部土壤中越冬
发生规律	翌年5月孵化，在玉米等作物或杂草根部取食为害，6月下旬或7月初成虫开始出现，一直到10月消失
生活习性	成虫有群集性、弱趋光性、趋嫩性，高温时活跃，低温时隐藏，高温干旱利于该虫发生；卵耐干旱，多散产或者数粒黏结产于杂草丛根际表土中

防治适期 成虫羽化初期抗药性较差，是防治的关键时期。

防治方法

1. 农业防治 ①清除田间地头杂草，尤其是豆科、十字花科、菊科杂草，消灭寄生场所。②秋翻或春耕土地，减少越冬虫源。

2. 物理防治 可在早晚用捕虫网人工捕杀成虫，也可利用黑光灯进行诱集，减少田间虫量。

3. 化学防治 防治适期可选用10%吡虫啉可湿性粉剂1 000倍液、20%氰戊菊酯乳油1 500倍液、2. 5%高效氯氟氰菊酯乳油2 000倍液、4. 5%高效氯氰菊酯乳油1 000 ~ 1 500倍液或25%噻虫嗪水分散粒剂3 000倍液喷雾防治。

褐足角胸叶甲

褐足角胸叶甲在我国南北方均有分布，在北方，主要以成虫为害玉米、谷子、大豆、花生、高粱、棉花等作物。

分类地位 褐足角胸叶甲（*Basilepta fulvipes*）属鞘翅目肖叶甲科。

为害特点 成虫喜集中在玉米心叶内啃食叶片，造成叶片表皮呈半透明状，孔洞呈网状，严重的叶片被横向切断（图148）。

图148 褐足角胸叶甲为害叶片

形态特征

成虫：卵形或近方形，体长3 ~ 5.5毫米。体色变异较大，一般头和前胸棕红色，鞘翅绿色、棕红色或棕黄色。前胸背板短宽，两侧在中间明显突出成尖角。小盾片盾形，表面光亮或具细微刻点。前胸前侧片前缘较平直，前胸腹板宽，方形，具深刻点和短竖毛（图149）。

卵：长椭圆形，两端钝圆，长0. 70毫米，宽0. 28毫米，橘黄色（图150）。

幼虫：体长7毫米，宽2毫米。体背面淡黄色，腹面色浅，头骨前半部黑色，前胸背板前缘色略深。胸部具3对足，淡褐色（图151）。

蛹：椭圆形，长5. 5毫米，宽1. 8毫米，淡黄色，体表具成列刚毛，腹部末端具向外弯曲的臀棘1对，深褐色（图152）。

图149　成　虫

图150　卵和正在孵化的卵

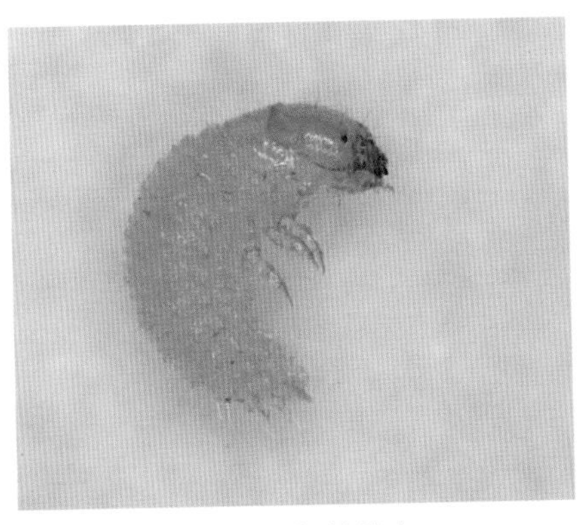

图151　低龄幼虫

图152　蛹及蛹室

发生特点

发生代数	1年发生1代
越冬方式	以幼虫在玉米等寄主根部土壤（土下5 ~ 10厘米）中越冬
发生规律	越冬幼虫于6月下旬开始化蛹，成虫于7月初开始出现，一直延续到8月上旬，7月中下旬为成虫发生盛期，也是在玉米田的关键为害时期，发生较重的年份8月上旬仍有一定数量的成虫为害玉米叶片、雌穗、雄穗
生活习性	整个幼虫期在土下5 ~ 20厘米处生活，以玉米、小麦和杂草根为食，幼虫老熟后即在土下做土室化蛹；成虫有群集性、趋嫩性；成虫多产卵于秸秆、及枯枝落叶下或低洼不平的土壤表面

防治适期 成虫发生盛期。

防治方法

1.农业防治　清除田间地头杂草，消灭中间寄主。

2.化学防治　可选用1.8%阿维菌素2 000倍液+18%杀虫双300倍液、25%氯·辛乳油1 500倍液、4. 5%高效氯氰菊酯乳油2 000倍液、48%毒死蜱乳油1 000倍液、2. 5%溴氰菊酯乳油2 000倍液、2. 5%高效氯氟氰菊酯乳油4 000倍液或40%辛硫磷乳油1 000倍液喷雾。

铁甲虫

铁甲虫在广西、云南、贵州及海南等省份均有分布，主要为害玉米。

分类地位 铁甲虫（*Dactylispa setifera* ）属鞘翅目铁甲科，又叫玉米铁甲、玉米趾铁甲。

为害特点 以成虫和幼虫取食玉米叶片（图153、图154），成虫咬食叶肉后形成长短不一的白色枯条斑，幼虫在叶片内潜食叶肉，留下表皮，一张叶片上可有幼虫数十头为害，全叶变白干枯，造成减产甚至绝收。

形态特征

成虫：雌成虫体长5毫米，宽2毫米；雄成虫体长7毫米，宽3毫米。体稍扁，鞘翅及刺黑色，略带金属光泽，复眼黑色；前胸背板琥珀色，中央有2个较大黑色突起，突起周围呈纵列下陷，前缘有刺2簇，每簇有刺2

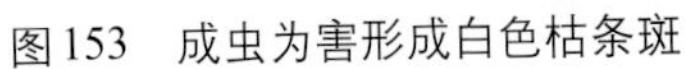

图153　成虫为害形成白色枯条斑

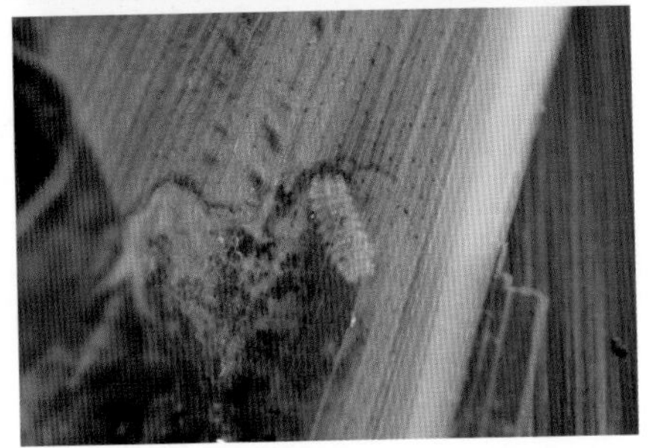

图154　幼虫为害状

根，侧缘各有刺3根；腹和足均为黄褐色；触角11节，黑褐色，末端膨大呈棍棒状，各节着生有绒毛；每个鞘翅上着生刻点9排和长短不等的刺21根，后翅灰黑色，翅基部暗黄色（图155）。

卵：椭圆形，长1～1.3毫米，宽0.5～0.7毫米，初产时淡黄白色，后渐变黄褐色，表面光滑，上盖蜡质（图156）。卵散产在玉米叶肉组织中。

图155　成　虫

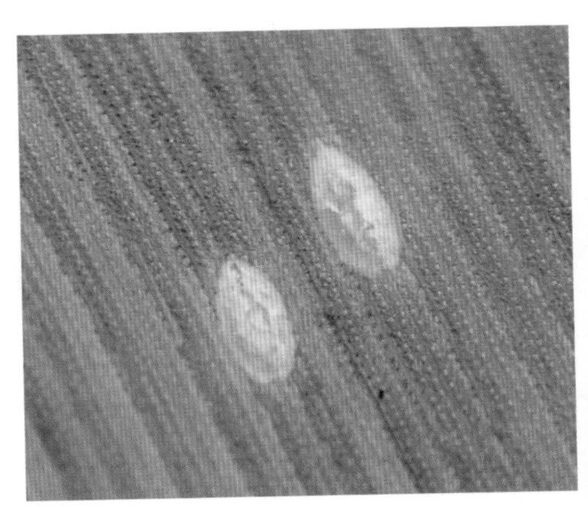

图156　产在叶片中的卵

幼虫：老熟幼虫体长7.5毫米，扁平，乳白色，腹部末端有1对尾刺，腹部2 ~ 9节两侧各生1个浅黄色瘤状突起，背部各节具“一”字形横纹(图157)。

蛹：长椭圆形，长6 ~ 6.5毫米，宽3毫米，背面微隆起，足、翅发达，覆盖整个胸部及腹部第1 ~ 2节。初为乳白色，后变为黄褐色。前胸与腹部每节两侧各有1个瘤状突起，突起上有分叉的刺两根，每个腹节背面有2列瘤状小突起，末端有短刺4根向后伸出（图158)。

图157　幼　虫

图158　蛹

发生特点

发生代数	1年发生1 ~ 2代
越冬（夏）方式	以成虫于寄主或杂草上越冬
发生规律	3 ~ 4月成虫从越冬场所迁飞到玉米地为害取食、交尾产卵，天气温暖晴朗，降水量少、干燥，有利于成虫补充营养、交尾产卵，田间卵粒密度大，幼虫孵化成活率高，发生就严重，反之较轻；主要为害世代为第1代，以幼虫为害春玉米，常造成严重的产量损失；第2代发生量极小，对晚播玉米为害不大；第1代卵盛发期为4月上旬至5月中旬，第2代卵盛期为6月上旬至7月上旬
生活习性	成虫有趋绿性、趋密性和假死性，清晨行动迟钝；成虫对嫩绿、长势旺的玉米苗有群集为害的习性；越冬成虫有很强的耐饥饿能力；幼虫孵化后在叶内潜食叶肉直至化蛹

防治适期 成虫防治应在尚未产卵前进行，一般在4月上中旬；在卵孵化率达15%左右时是幼虫最佳防治时期。

防治方法

1. 农业防治　①调整种植结构。避免玉米连片重种植，杜绝玉米、甘蔗、桑树混栽。②及时清理田边杂草、残枝落叶。③人工捕杀。早期摘除有幼虫或卵的叶子；铁甲虫成虫清晨活动迟缓，此时可进行人工捕杀；5月中旬老熟幼虫在叶内化蛹，用镰刀割除有虫叶片，进行集中烧毁。

2. 化学防治　①防治成虫。每亩选用40%氰戊菊酯12 毫升加25%杀虫双水剂200 毫升，兑水50 ～ 60 千克喷雾，或其他拟除虫菊酯类农药按要求配制喷杀。②防治幼虫。每亩用25%杀虫双水剂200毫升，加40%氰戊菊酯10毫升，兑水50 ～ 60千克喷雾，可兼治成虫。用药时间第一次在4 月下旬至5月上旬，主要防治早播玉米上的幼虫；第二次在5月20日左右。

蝗虫

分类地位 蝗虫属直翅目蝗总科，常见的有东亚飞蝗（*Locusta migratoria manilensis*）、中华稻蝗（*Oxya chinensis*）、亚洲小车蝗（*Oedaleus asiaticus*）和黄胫小车蝗（*Oedaleus infernalis*）等。

为害特点 成虫及若虫均能以其发达的咀嚼式口器取食玉米叶片，被害部呈缺刻状。为害速度快，种群数量大时可将玉米吃成光杆（图159）。

图159　蝗虫为害玉米叶片

形态特征 蝗虫体色根据环境而变化，多为草绿色或枯草色。有一对带齿的发达大颚和坚硬的前胸背板，前胸背板像马鞍（图160 ～ 163）。

图160　东亚飞蝗成虫

图161　中华稻蝗成虫

图162　亚洲小车蝗成虫

图163　黄胫小车蝗成虫

发生特点

发生代数	东亚飞蝗在北方地区一般1年发生1～2代，南方地区1年发生3～4代，多数地区1年能够发生夏蝗和秋蝗2代；中华稻蝗在长江流域及北方地区1年发生1代，南方地区1年发生2代；亚洲小车蝗在华北地区1年发生1代；黄胫小车蝗在河北北部和西部、山西中部和北部地区1年发生1代，河北南部、陕西关中地区和汉水流域、山西南部以及山东、河南等地1年发生2代

（续）

越冬方式	以卵在土壤表层越冬
发生规律	东亚飞蝗夏蝗5月中下旬孵化，秋蝗7月中下旬至8月上旬孵化 中华稻蝗卵在5月中下旬孵化，7～8月羽化为成虫，9月中下旬为产卵盛期，卵多产在湿度适中、土质疏松的田埂两侧 亚洲小车蝗翌年5月中下旬越冬卵开始孵化，6月下旬多见二至三龄蝗蝻，7月上旬成虫出现，7月中下旬为羽化盛期，7月下旬开始交配，8月中旬是交配盛期，产卵期延续到10月下旬
生活习性	若虫（蝗蝻）和成虫善跳跃，成虫善飞翔

防治适期 三龄蝗蝻之前。

防治方法

1.农业防治 ①注意兴修水利，疏通河道，避免农田忽涝忽旱，成为蝗虫滋生地。②提倡垦荒种植，植树造林，使蝗虫失去产卵的适宜场所。

2.生物防治 利用10亿孢子/毫升的蝗虫微孢子虫水剂兑水后在蝗虫二至三龄时喷施。采用10亿孢子/毫升绿僵菌油悬浮剂250～500毫升/亩，兑水后喷雾。

3.化学防治 一般在蝗蝻向玉米田扩散初期，利用其聚集于玉米田边行的特性，以“挑治为主、普治为辅、巧治低龄”为防治策略，抓住防治适期，将蝗虫消灭在扩散进大田之前。①喷雾防治。可选用1.8%阿维菌素乳油每亩40～50毫升、5%氟虫脲水剂5～10毫升、20%三唑磷乳油50～100毫升、50%辛硫磷乳油45～60毫升、45%马拉硫磷乳油45～60毫升、20%阿维·杀虫单微乳剂30～45毫升等，兑水45～60千克喷雾。②毒饵诱杀。将麦麸100份、清水100份、90%敌百虫晶体或40%氧乐果乳油、50%辛硫磷乳油1.5份混拌。根据蝗虫取食习性，在取食前夕均匀撒布，23～30千克/公顷，随配随用，不宜过夜。

温馨提示

防治成虫一般在早晨露水未干前喷药，防治蝗蝻一般在上午8:30～11:00前喷药效果最佳。

蜗牛

我国各省均有分布，觅食范围广泛，多食性与偏食性并存，喜食多汁鲜嫩的植物组织。可为害玉米、大豆、棉花、花生、蔬菜等作物。

分类地位 蜗牛属腹足纲柄眼目巴蜗牛科，为害玉米的蜗牛主要有同型巴蜗牛（*Brddybaena similaris*）和灰巴尖蜗牛（*Acusta ravida*）。

为害特点 初孵幼贝只取食叶肉，留下表皮，稍大的蜗牛用带尖锐小齿的舌头舐食玉米叶片，造成叶片缺刻、孔洞，或沿叶脉取食，叶片呈条状缺失（图164）。蜗牛爬行时壳口将玉米叶划伤成条刷状，并留下白色黏液和青色绳状粪便，严重影响玉米生长。玉米抽雄后蜗牛咬食雌穗花丝及穗上部籽粒，造成穗上部秃粒，严重影响玉米的产量、品质（图165）。

图164　蜗牛为害叶片

图165　蜗牛为害花丝

形态特征

同型巴蜗牛：贝壳中等大小，壳质厚，呈扁球形。壳高11. 5 ～ 12. 5毫米，宽15 ～ 17 毫米，有5 ～ 6个螺层，顶部几个螺层增长缓慢，略膨胀，螺旋部低矮，体螺层增长迅速、膨大。壳顶钝，缝合线深。壳面呈黄褐色至红褐色。壳口马蹄形（图166）。

灰巴尖蜗牛：贝壳中等大小，呈圆球形；壳高18～21毫米，宽20～23毫米，有5.5～6个螺层，顶部几个螺层略膨胀。体螺层膨大，壳面黄褐色或琥珀色，常分布暗色不规则斑点，壳口椭圆形。且有细致而稠密的生长线和螺纹。壳顶尖，缝合线深，壳口椭圆形。个体大小、颜色差异较大（图167）。

图166　同型巴蜗牛

图167　灰巴尖蜗牛

发生特点

发生代数	1年繁殖1～1.5代，寿命一般1～1.5年，长的可达2年
越冬（夏）方式	以成贝或幼贝在作物秸秆堆下或根际土壤中，或在土缝及较隐蔽的场所越冬或越夏
发生规律	一年有2次发生为害高峰期，分别在春、秋两季
生活习性	喜阴暗潮湿、多腐殖质的环境

防治方法

1.农业防治　清理田边杂草、残枝落叶，及时中耕，破坏蜗牛栖息地和产卵地点。

2.物理防治　①人工捕捉。在清晨或阴雨天蜗牛在植株上活动时，人工捕捉，集中杀灭。②堆草诱杀。傍晚前后在重发地块设置若干新鲜的杂草堆、树枝把，也可放置菜叶、瓦块等诱集蜗牛，翌日清晨日出前将诱集的蜗牛集中杀死。

3. 化学防治　①毒饵诱杀。多聚乙醛300克、蔗糖50 克、5%砷酸钙300克、米糠400 克（用火在锅内炒香）拌匀，加水适量制成黄豆大小的颗粒，顺垄撒施。②撒施毒土。用6%四聚乙醛颗粒剂1. 5 ～ 2 千克，碾碎后拌细土5 ～ 7 千克，傍晚撒在受害株根部附近。③药剂喷雾。当清晨蜗牛未潜入土时，利用80. 3%克蜗净可湿性粉剂在玉米封行后第一次喷撒，其后间隔15 ～ 20天再喷雾1次；或40%辛硫磷乳油和50%敌敌畏乳油混合，稀释500倍喷雾。

温馨提示

需要注意的是，以上药剂均须在晴天施用，阴雨天无效。在一个地方用药，面积不能过小，必须在一定范围内全面进行，否则药效短、防效差。

玉米螟

分类地位 玉米螟属鳞翅目草螟科，俗称钻心虫，在我国为害的玉米螟主要有亚洲玉米螟（*Ostrinia furnacalis*）和欧洲玉米螟（*O. nubilalis*），我国大部分地区发生为害的是亚洲玉米螟，后者仅在新疆伊犁有分布。

为害特点 玉米螟主要以低龄幼虫在玉米心叶、未展开的雄穗及花丝中取食为害，三龄后蛀入玉米茎秆、穗柄和穗轴中为害。初孵幼虫群聚于心叶内取食叶肉，留下白色薄膜状表皮，呈花叶状（图168A），三龄以上幼虫蛀食叶片，展开时出现排孔状（图168B），有的还会在叶脉中蛀食，使叶折断（图168C）。随着虫龄增加，大龄幼虫陆续钻入茎秆中为害，蛀孔口常堆有大量粪屑，被害茎秆养分转化运输受阻，常造成蛀孔以上茎秆及雄穗变色发红，遇风易从蛀孔处折断（图169）。穗期初孵幼虫潜食花丝继而取食幼嫩籽粒（图170），三龄以后部分蛀入穗轴、雌穗柄或茎秆，影响灌浆，降低千粒重，穗折而脱落。此外常引发玉米穗腐病、茎腐病，更加重了产量损失，同时还引起品质下降。

图168　叶部被害状

A花叶状　B排孔状　C钻蛀叶脉

图169　茎秆从蛀孔处折断

图170　玉米螟为害花丝和籽粒

形态特征

1. 亚洲玉米螟

亚洲玉米螟

成虫：雄蛾体长10 ~ 14毫米，翅展20 ~ 26毫米，前翅浅黄色，斑纹暗褐色（图171A）。雌蛾体长13 ~ 15毫米，翅展25 ~ 34毫米，比雄蛾稍肥大，体色较雄蛾淡，鲜黄色，横线明显或无，后翅正面浅黄色（图171B）。

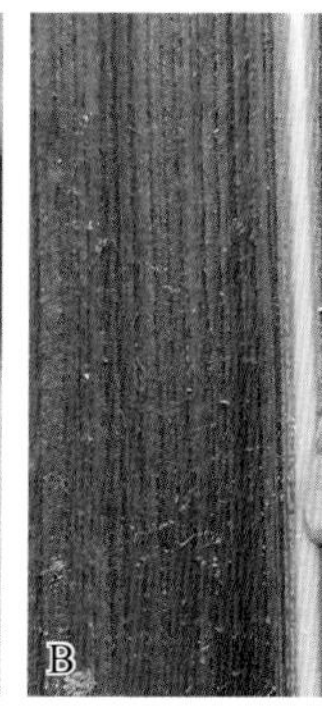

图171　成　虫

A雄蛾　B雌蛾

卵：椭圆形，长约1毫米，宽约0.8毫米。一般产于叶背近叶脉处，数粒至数十粒组成卵块呈鱼鳞状排列，最初为乳白色，逐渐变为黄白色，孵化前为黑褐色（图172）。

图172　卵　块

幼虫：共5龄。老熟幼虫体长20 ~ 30毫米，圆筒形，头黑褐色，背部黄白色至淡红褐色，体表较光滑，不带黑点。背线明显，两侧有较模糊的暗褐色亚背线。腹部第1 ~ 8节，背面有两排毛瘤，后方两个较前排稍小（图173）。

蛹：纺锤形，长15 ~ 18毫米，红褐色或黄褐色，尾端臀棘黑褐色，尖端有5 ~ 8根钩刺（图174）。

图173　幼　虫

图174　蛹

2. 欧洲玉米螟

欧洲玉米螟与亚洲玉米螟极为相似，从外部形态一般很难区分，主要以雄蛾外生殖器的形态结构及性外激素的不同来区分。欧洲玉米螟雄性抱器背有刺区比无刺区稍短。

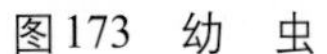

发生特点

发生代数	1年发生1～7代，发生代数随纬度的变化而变化，东北及西北地区1年发生1～2代，黄淮地区及华北平原1年发生2～4代，江汉平原1年发生4～5代，广东、广西及台湾1年发生5～7代，西南地区1年发生2～4代
越冬方式	以滞育的老熟幼虫在寄主茎秆、穗轴和根茬内越冬
发生规律	第1代玉米螟的卵盛发期在1～3代区大致为春玉米心叶期，幼虫蛀茎盛期为玉米雌穗抽丝期，第2代卵和幼虫的发生盛期在2～3代区大体为春玉米穗期和夏玉米心叶期，第3代卵和幼虫的发生盛期在3代区为夏玉米穗期
生活习性	成虫昼伏夜出，有趋光性，飞翔和扩散能力强；雄蛾有多次交配的习性，雌蛾多数一生大多只交配一次，雌蛾交配1～2天后开始产卵，每个雌蛾产卵10～20块，300～600粒；幼虫有趋糖、趋触（保持体躯与寄主相接触）、趋湿和负趋光性，喜潜藏为害

防治适期　幼虫三龄前利用生物农药或化学农药防治。

防治方法

玉米螟的防治可采用越冬防治与生长期防治相结合，化学防治和生物防治结合，心叶期防治与穗期防治相结合的综合防控方式。

1. 农业防治　收获后及时处理越冬寄主的秸秆和穗轴，秸秆粉碎还田，以杀死秸秆内越冬幼虫，压低越冬虫源基数。

2.理化防控　在成虫羽化期，利用性诱剂迷向或杀虫灯诱杀成虫，降低田间虫口数量。

3.生物防治　①施用白僵菌。在春季4 ~ 5月越冬幼虫化蛹前，用白僵菌粉对没有处理完的玉米秸秆进行封垛处理，用80亿孢子/克以上的菌粉配置细土100克/米^2，均匀撒施于秸秆上；在玉米心叶期，使用白僵菌20克/亩拌河沙2.5千克施入心叶内。②释放赤眼蜂。在玉米螟产卵始期至产卵盛期释放赤眼蜂2 ~ 3次，释放1.5万 ~ 2万头/亩。③施用Bt乳剂。在玉米螟卵孵化期，田间喷施Bt乳剂，或在心叶期用1.5 ~ 2.25升/公顷Bt乳剂加水750升，灌入玉米喇叭口内。

应用Bt防治玉米螟应注意，紫外线会降低防效，在中午阳光太强不宜施药。

4.化学防治　用含有效成分为辛硫磷、溴氰菊酯、氟苯虫酰胺、氯虫苯甲酰胺、杀虫单、氰戊菊酯、甲维盐等药剂进行防治。①撒施。在心叶内撒施化学颗粒剂，可用0.4%氟苯虫酰胺颗粒剂350 ~ 450克/亩或5%辛硫磷颗粒剂200 ~ 240克/亩。②喷雾。可用80%氟苯·杀虫单可湿性粉剂75 ~ 100克/亩或10%氟苯虫酰胺可湿性粉剂20 ~ 30毫升/亩。

草地贪夜蛾

草地贪夜蛾起源于美洲热带和亚热带地区，2016年1月首次在尼日利亚发现，随后在2年时间内迅速扩散传播，2018年5月，入侵印度，2019年1月入侵我国。

分类地位 草地贪夜蛾（*Spodoptera frugiperda*）属鳞翅目夜蛾科，也称秋黏虫，是玉米等粮食作物上的重大跨境迁飞性害虫。

为害特点 草地贪夜蛾幼虫喜食玉米，在玉米的所有生长阶段均能为害，苗期至抽雄期，一至三龄幼虫通常在心叶内取食，形成半透明的薄膜“窗孔”，是心叶初期典型的被害状（图175）；四至六龄幼虫取食叶片后则会形成不规则的长形孔洞，导致心叶破烂，并伴有大量的锯末状虫粪，严重被害地块像是受过雹灾一样，也可造成生长点死亡（图176）；在苗期，幼虫会在茎基部钻蛀为害或咬断幼茎，形成枯心苗（图177）。玉米打苞后在苞内咬食未展开的雄穗、，当雄穗从心叶中抽出时，幼虫从心叶中带出。在穗期，高龄幼虫或在植株上刚孵化的幼虫迅速转移到正在发育的果穗上为害。低龄幼虫常从花丝处进入果穗，而高龄幼虫则咬食苞叶或穗柄，钻蛀果穗下部，直接取食穗轴和正在发育的籽粒，诱发穗腐病（图178～180）。

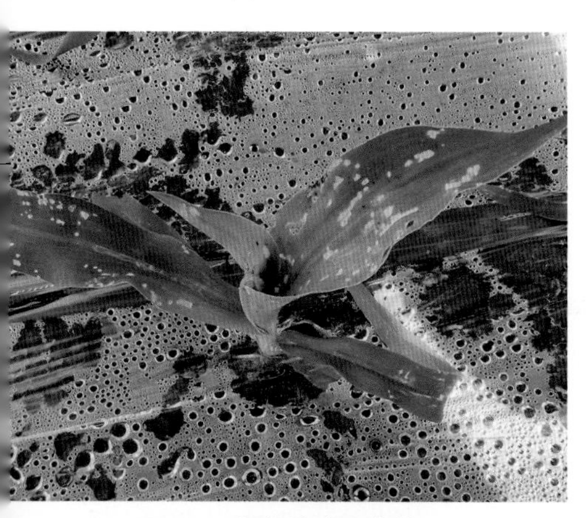

图175　低龄幼虫为害状

图176　高龄幼虫为害状

图177　枯心苗

图178　幼虫为害果穗

图179　幼虫咬食花丝

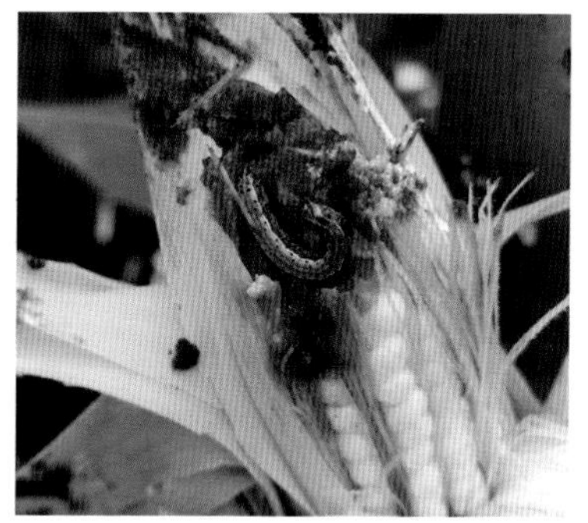

图180　幼虫咬食籽粒

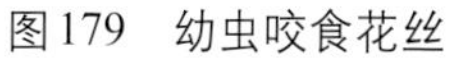

形态特征

成虫：翅展32 ~ 40毫米，体色多变，前翅呈暗灰色、深灰色到淡黄褐色，后翅灰白色，边缘有窄褐色带。雌蛾前翅环形纹和肾形纹明显，为灰褐色，轮廓线为黄褐色，环形纹与肾形纹由一条白色线相连；前翅顶角处靠近前缘有1个白色斑点（图181A）。雄蛾前翅灰褐色夹杂白色、黄褐色与黑色斑纹，翅基部各有1个月牙形黑褐色斑，翅顶角向内各有1个三角形白斑，环形纹后侧各有1条浅色带从翅外缘延长至中室，肾形纹内侧各有1条白色楔形纹（图181B）。

图181　成　虫

A雄蛾　B雌蛾

卵：呈圆顶形，直径为0. 4毫米，高为0. 3毫米。通常100 ~ 200粒卵堆积成卵块，卵粒紧密排列，一般2 ~ 3层，卵块表面常有鳞毛覆盖（图182A），后期产的卵块表面鳞毛覆盖少或无（图182B）。初产卵粒呈淡绿色，逐渐变褐，即将孵化时变成灰黑色，卵壳透明或米白色，可见内部幼虫个体。

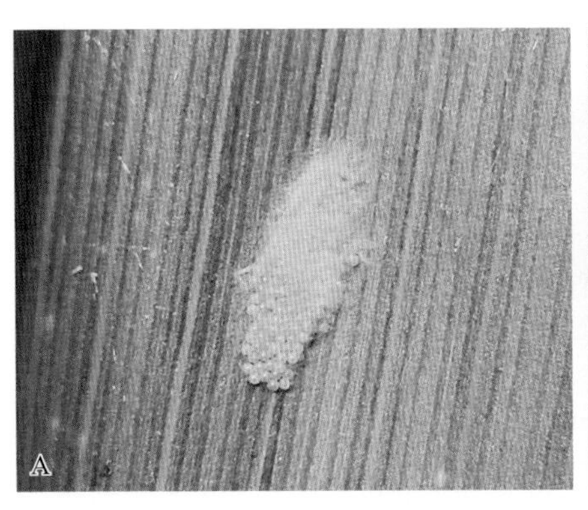

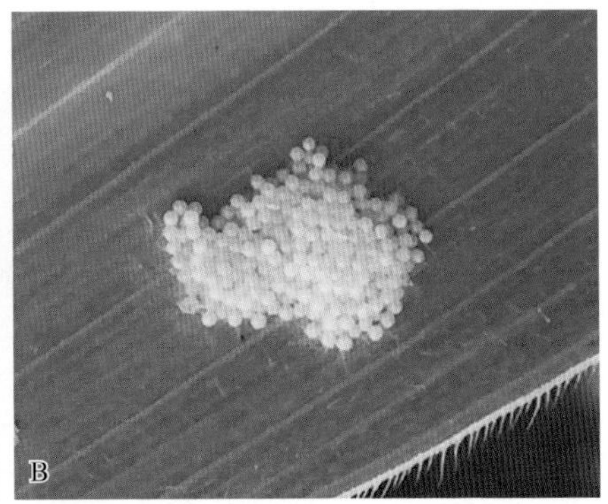

图182 卵 块

A有鳞毛覆盖的卵块 B无鳞毛覆盖的卵块

幼虫：共6龄。老龄幼虫体长35 ~ 45毫米。幼虫体色和体长随龄期而变化。低龄幼虫体色多呈绿色或黄色，高龄幼虫多呈棕色，也有绿色或黑褐色个体。草地贪夜蛾幼虫最为明显的特征是头部有淡白色或淡黄色的倒Y形纹，腹部末节背面有明显的、呈正方形排列的4个黑斑，一龄幼虫已有该特征；三龄幼虫开始，头部具明显的白色倒Y形纹（图183）。

蛹：长椭圆形，体长14 ~ 18毫米，初期呈淡绿色，逐渐变为红棕色至黑褐色（图184）。

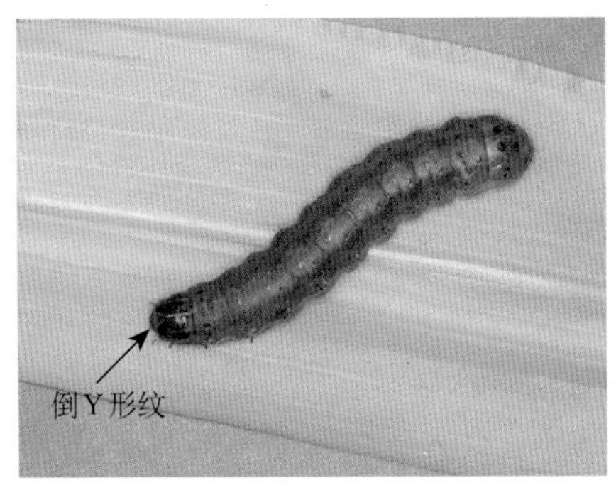

图183 幼 虫

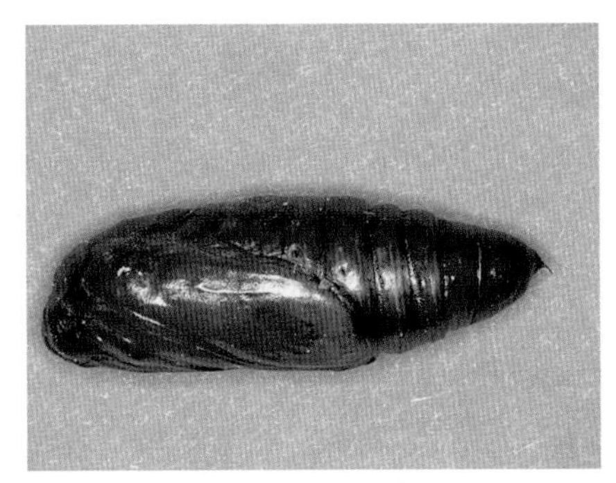

图184 蛹

发生特点

发生代数	在周年繁殖区1年发生6～8代
越冬方式	无滞育现象，在北纬28°以南，即1月12.6℃等温线以南地区周年发生；在北纬28°～31°以南，即1月平均温度6～10℃等温线之间的区域以老熟幼虫或蛹越冬
发生规律	每年3月开始从周年繁殖区迁入长江以南地区，4～5月进入江淮地区，6月迁入黄淮地区，7月迁入黄河以北地区，8月下旬以后陆续随季风开始回迁到华南地区
生活习性	成虫白天常隐藏在玉米心叶中或叶背，主要在夜间羽化，并进行迁飞、取食、交配和产卵等活动，具有趋光性；初孵幼虫常聚集为害，趋嫩性明显，可吐丝随风迁移扩散至周围植株的幼嫩部位或生长点；多数老熟幼虫钻入土壤化蛹，将土壤颗粒与茧丝结合在一起构造成茧

防治适期 在成虫产卵初期到盛期释放夜蛾黑卵蜂或赤眼蜂，药剂防治在幼虫三龄前。

防治方法

1.农业防治　①调整玉米播期。使草地贪夜蛾的幼虫期与玉米苗期错开。②加强田间管理。保持土壤肥力和水分充足，促进玉米健康生长，提高玉米对草地贪夜蛾的抗性和耐受性。③间（套）作。玉米与豆科植物间作可明显降低草地贪夜蛾危害。④人工捕杀。人工摘除卵块，捕杀幼虫，翻耕土地灭蛹，在草地贪夜蛾化蛹盛期，在条件允许的情况下可采用田间浸水或翻耕土地，提高蛹的死亡率。

2.理化诱控　①灯光诱杀。可在成虫发生期，集中连片设置杀虫灯进行诱杀，减少成虫数量，降低田间落卵量。②糖醋液诱杀。在田间放置糖醋液或者糖蜜水诱杀盆诱杀成虫，可起到较好的防控作用。③性信息素干扰、诱杀。连片使用性信息素迷向法干扰和诱杀成虫，降低成虫寻找配偶、交配行为，减少成虫产卵量。

3.生物防治　①释放天敌。在产卵初期至盛期释放夜蛾黑卵蜂或螟黄赤眼蜂等寄生性天敌。②使用生物农药。在幼虫三龄前，选用苏云金杆菌(Bt)、球孢白僵菌、金龟子绿僵菌或甘蓝夜蛾核型多角体病毒或印楝素等生物农药喷雾防治。

4. 化学防治　①种子处理。选用含有氯虫苯甲酰胺、溴氰虫酰胺等成分的种衣剂，种子统一包衣，防治苗期草地贪夜蛾。②针对虫口密度高、集中连片发生区域，可选用农业农村部推荐的草地贪夜蛾应急防控药剂，如甲氨基阿维菌素苯甲酸盐、氯虫苯甲酰胺、乙基多杀菌素、茚虫威、虱螨脲等单剂或复配制剂，及时施药防治，注意轮换用药和安全用药。

棉铃虫

棉铃虫为重要的多食性农业害虫，在我国各省份均有分布。寄主范围广泛，可为害棉花、玉米、小麦、花生、大豆、蔬菜、果树等。

分类地位 棉铃虫（*Helicoverpa armigera*）属鳞翅目夜蛾科，俗名棉铃实夜蛾。

为害特点 幼虫常在玉米心叶期为害叶片，可使叶片形成孔洞或缺刻状，与玉米螟为害状相似，但是虫孔不规则，孔洞较大，边缘不整齐，且常见粒状粪便（图185）。幼虫为害严重时心叶被咬断，造成枯心苗。穗期初孵幼虫主要集中在玉米果穗顶部花丝上，或吐丝下坠到果穗后，为害果穗花丝，可将花丝全部咬断，导致授粉不良，进而咬食玉米籽粒（图186）。棉铃虫为害玉米果穗多在果穗顶部，也有少量高龄幼虫钻入苞叶内逐步下移蛀食籽粒，并诱发玉米穗腐病。

图185　幼虫为害叶片

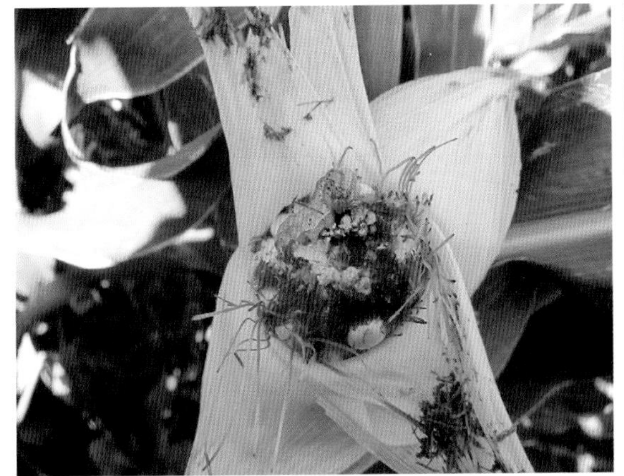

图186　幼虫取食花丝和籽粒

形态特征

成虫：体长15 ~ 20毫米，翅展28 ~ 40毫米。复眼球形，绿色。雄蛾灰绿色，雌蛾赤褐色。前翅内横线、中横线、外锁线波浪状不明显，外横线外有深灰色宽带，带上有7个小白点，肾形纹、环形纹暗褐色。后翅灰白色，沿外缘有黑褐色宽带，在宽带中央有2个相连的白斑，前缘中部有1个褐色月牙形斑纹（图187）。

图187　成　虫

A雄蛾　B雌蛾

卵：半球形，高0.50 ~ 0.55毫米，直径0.42 ~ 0.48毫米，初期乳白色，后变成黄白色，孵化前变成紫褐色，顶部黑色（图188）。

幼虫：共5 ~ 6龄，多数为6龄。幼虫体色多变，初孵幼虫青灰色，头部黄绿色。老熟幼虫头部黄色，生有不规则的网状纹，体表布满褐色和灰色长而尖的小刺；各腹节上有刚毛瘤12个，刚毛较长；气门上方有1条褐色纵带（图189）。

蛹：纺锤形，长17.0 ~ 22毫米，宽4.0 ~ 6.5毫米，赤褐色（图190）。

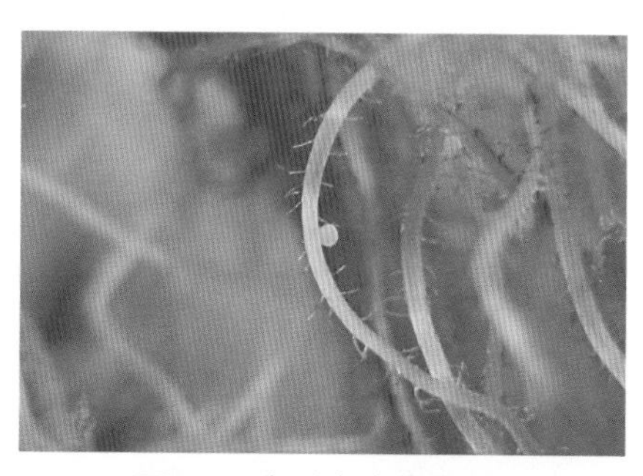
图188　卵（产在花丝上）

图189　幼　虫

图190　蛹

发生特点

发生代数	我国各地发生代数不同，东北，西北、华北大部分地区1年发生3 ~ 4代，长江流域1年发生4 ~ 5代，长江以南1年发生5 ~ 6代，华南、云南等地1年发生6 ~ 8代
越冬方式	以蛹在土茧中越冬
发生规律	华北地区4月中下旬开始羽化，5月上中旬为羽化盛期，第1代卵见于4月下旬至5月末，5月中旬为产卵盛期，第1代成虫羽化盛期及第2代产卵盛期为6月中旬，7月为第2代幼虫为害盛期，7月下旬为第2代成虫羽化盛期和产卵盛期，第4代卵见于8月下旬至9月上旬，该世代棉铃虫对玉米为害严重

（续）

生活习性	成虫多在夜间产卵，在玉米抽雄期以前，卵主要散产在叶片正面，少量产在茎秆、叶鞘上；成虫对黑光灯及半干的杨柳枝叶有较强趋性

防治适期 幼虫三龄前抗性较低，进行化学防治或者生物防治效果较好。

防治方法

1.农业防治　①清除田间秸秆，田边杂草，秋耕冬灌，压低越冬蛹基数。②合理调整作物布局，改进玉米种植方式，可在玉米田边种植诱集作物如或萝卜、洋葱等，于盛发期喷药集中歼灭，减轻为害。③加强田间管理，推广地膜覆盖栽培，合理轮作套作，增加田间生物多样性。④可于玉米花丝授粉后，棉铃虫三龄前，人工剪除雌穗花丝，防止成虫产卵和取食，可减轻为害。

2.理化诱控　棉铃虫成虫趋光性强，可在成虫高峰期，利用灯诱（主要采用双波灯或者频振式杀虫灯）结合性诱剂或食诱剂对成虫进行大面积诱杀，以降低产卵数量。

3. 生物防治　①保护和利用天敌。在产卵初期，释放螟黄赤眼蜂1～2次，每次1万头/亩。②施用生物农药。在幼虫低龄阶段利用微生物农药白僵菌、绿僵菌、苏云金杆菌或棉铃虫核型多角体病毒以及植物源农药印楝素、藜芦碱或苦参碱进行喷雾防治。

4. 化学防治　①种子处理。用含有氯虫苯甲酰胺、溴氰虫酰胺或丁硫克百威等成分的种衣剂包衣，对幼苗和成株的生长速度及抗虫性有明显的促进作用。②药剂喷雾。利用甲氨基阿维菌素苯甲酸盐、氯虫苯甲酰胺、四氯虫酰胺、氯虫·甲维盐或甲维·茚虫威等化学农药进行喷雾防治。

桃蛀螟

分类地位 桃蛀螟（*Conogethes punctiferalis*）属鳞翅目草螟科，也称桃多斑野螟、桃蛀野螟、豹纹斑螟、桃蠹螟、桃斑螟、桃实螟蛾、豹纹蛾、桃斑蛀螟，幼虫俗称桃蛀心虫。

为害特点 主要以幼虫蛀食玉米果穗，也可蛀茎，造成植株倒折。初孵幼虫从雌穗上部钻入蛀食玉米籽粒，也可以啃食玉米穗轴，对玉米的产量造成直接损失。桃蛀螟钻蛀穗轴不仅导致果穗瘦小，还致使籽粒不饱满。受到桃蛀螟为害的玉米上有蛀孔，在蛀孔周围常常能够看见堆积的颗粒状粪渣。一个果穗上常有多头桃蛀螟幼虫聚集为害，也有与玉米螟混合为害的状况，危害严重时整个果穗被蛀食。为害造成的伤口还增加了病原菌侵染的机会，引起或加重玉米穗腐病的发生（图191）。

图191　桃蛀螟为害状

形态特征

成虫：体长12毫米，翅展22～25毫米，黄色至橙黄色，触角丝状。体背、翅表面具许多黑斑点似豹纹，胸背有7个；腹背第1节和第3～6节各有3个横列，第7节有时只有1个，第2节和第8节无黑点，前翅25 ～ 28个黑点，后翅15 ～ 16个黑点。雄蛾腹末端有明显的黑色毛丛，雌蛾腹末圆锥形，黑色不明显（图192）。

图192　成　虫

A 雌蛾　B 雄蛾

卵：椭圆形，稍扁平，长径0.6 ～ 0.7毫米，短径0.3 ～ 0.4毫米，卵面满布网状花纹，初为乳白色，渐变为橘黄色，孵化前为红褐色（图193）。

幼虫：共5龄。老熟幼虫体长18 ～ 25毫米，背部体色多变，浅灰色至暗红色，腹面多为淡绿色。头暗褐色，前胸盾片褐色，臀板灰褐色。各节有粗大的褐色瘤点。各体节明显，灰褐色至黑褐色（图194）。

蛹：被蛹，纺锤形，长10 ～ 15毫米，初为淡黄绿色，后变为褐色（图195），臀棘细长，末端有曲刺6根。雌、雄蛹在生殖孔与产卵孔方面存在差异。雌蛹的生殖孔和产卵孔分别位于第8腹节和第9腹节，而雄蛹位于第9腹节的生殖孔为1条长0.20毫米的纵向裂缝。

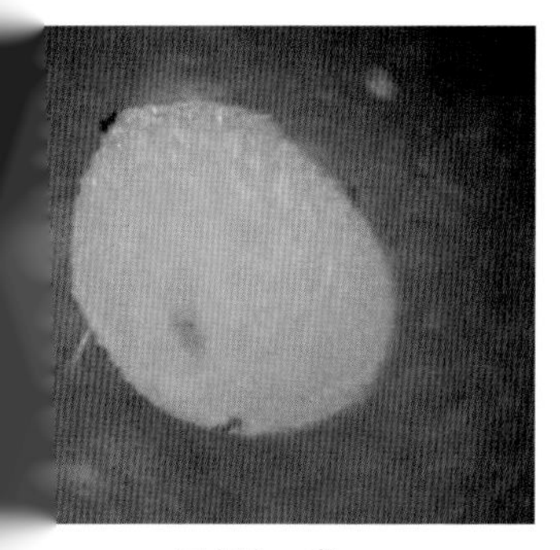

图193　卵

图194　幼　虫

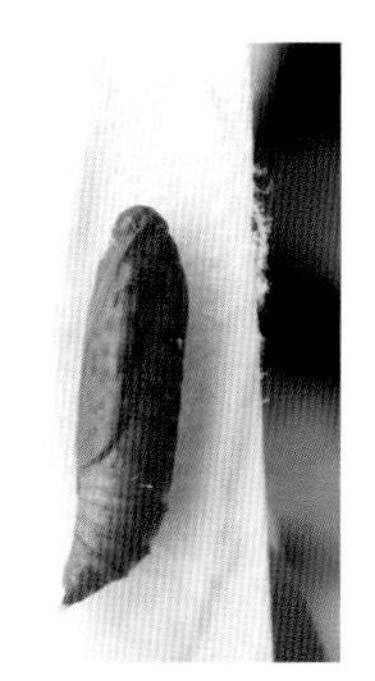

图195　蛹

发生特点

发生代数	1年发生1～6代，牡丹江1年发生1代，辽宁1年发生1～2代，河北、山东1年发生2～3代（以3代为多），陕西、河南1年发生3～4代，长江流域1年发生4～6代
越冬方式	以滞育的老熟幼虫在玉米秸秆、穗轴或叶鞘，以及向日葵、蓖麻等残株或受害的板栗内结茧越冬
发生规律	桃蛀螟喜阴湿，凡多雨年份，尤其4～5月多雨发生严重，少雨干旱年份，不利于蛹羽化，发生较轻 在山东越冬代成虫5月上旬开始羽化，6月中旬为成虫和卵盛发期。第1代幼虫主要为害桃、苹果等果树，为害期从5月下旬至7月上中旬；成虫7月上旬发生，7月中下旬进入盛发期；第2代幼虫7月中旬至8月中下旬发生，仍以为害果树为主，少量为害玉米雌穗和茎秆；第2代成虫8月中旬开始发生，8月下旬至9月中旬进入高峰期，大量迁入玉米田产卵；第3代幼虫大量发生为害玉米花丝和果穗
生活习性	成虫羽化主要在晚上进行，多在夜间19:00～22:00羽化，特别是20:00～21:00；成虫有趋光性、趋化性；成虫在玉米抽雄后到玉米田产卵，卵多单粒散产在玉米的雄穗、花丝和中上部叶鞘顶端茸毛多的地方，尤以雌穗的花丝上最多

防治适期
产卵盛期。

防治方法

1.农业防治　①压低越冬虫源。与玉米螟、高粱条螟的防治相结合，冬前要及时脱粒，及早处理玉米（茎秆和穗轴）、高粱（茎秆和穗轴）、向日葵（茎秆和花盘）等越冬寄主，压低翌年虫源。②调整播期。合理种植，使作物的高危生育期与桃蛀螟的发生高峰期错开，玉米田周围避免大面积种植向日葵、高粱等寄主植物，避免加重和交叉为害。③诱集成虫产卵。可利用桃蛀螟成虫对向日葵花盘产卵有很强的趋性，在玉米田周围种植小面积向日葵诱集成虫产卵，集中消灭，减轻作物和果树的被害率。

2.理化诱控　用频振式杀虫灯、黑光灯、糖醋液、性诱剂可诱杀成虫，减低田间产卵量。

3.生物防治　在产卵盛期适时施药，选用Bt、白僵菌等生物农药喷雾防治。

4.化学防治　在产卵盛期喷洒氯虫苯甲酰胺、辛硫磷或甲维盐，或在玉米果穗顶部或花丝上滴50%辛硫磷乳油300倍液1～2滴，防治效果好。

高粱条螟

分类地位 高粱条螟（*Proceras venosatus*）属鳞翅目草螟科，又称甘蔗条螟、条螟、高粱钻心虫、蛀心虫等。

为害特点 幼虫多数集中在产卵心叶内为害，少数幼虫还能吐丝下垂，转株为害。初孵幼虫啃食心叶叶肉（图196），残留透明表皮，稍大后咬成不规则小孔。在心叶内为害10天左右发育至三龄，其后在原咬食的叶腋间蛀入茎内，也有的在叶腋间继续为害。若玉米苗期生长点受害，则呈枯心状。幼虫多群集为害，蛀茎处可见较多的排泄物和虫孔。蛀茎后幼虫环状取食茎的髓部，受害株遇风易折断（图197）。幼虫也可为害果穗，取食籽粒并钻蛀穗轴为害（图198）。

图196　玉米心叶被害状

图197　钻蛀茎秆为害

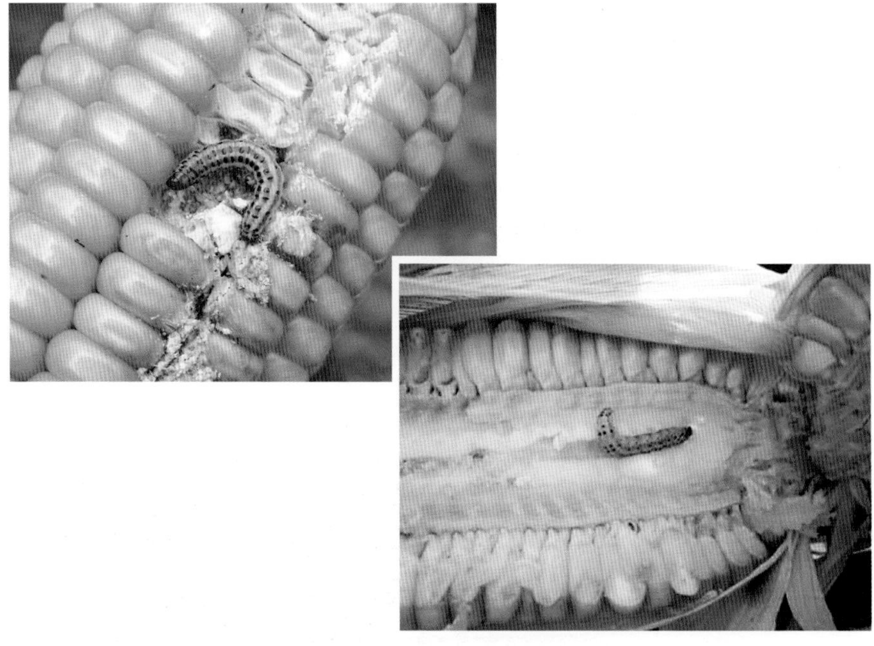

图198　幼虫为害果穗

形态特征

成虫：体长10～14毫米，头胸背面淡黄色，腹部黄白色（图199）。复眼暗黑色，下唇须较长，向前下方直伸。前翅呈灰黄色，顶角显著尖锐，外缘略呈1条直线，顶角下部略向内凹，翅外侧有近20条暗褐色细线纵列，中室外端有1个黑色小点，雄蛾黑点较雌蛾明显，外缘翅脉间有7个小黑点并列。后翅颜色较淡，雌蛾近银白色，雄蛾淡黄色。

图199　成　虫

卵：椭圆形而扁平，长1.3毫米，表面有微细的龟甲纹。初产乳白色，后变为深黄色，卵粒多排成“人”字形双行重叠的鱼鳞状卵块，孵化前卵粒中央出现小黑点。

幼虫：一般发育至5龄，也有6 ~ 7龄的。初孵幼虫为乳白色，体面有淡褐色斑，连成条纹。老熟幼虫体长20 ~ 30 毫米，乳白色至淡黄色，头部黄褐色至黑褐色。幼虫有冬夏两型。夏型幼虫胸腹部背面有明显的淡紫色纵纹4条，腹部背面气门之间，每节近前缘有4个黑褐色毛片，排成横列，中间两个较大，近圆形，均生刚毛；近后缘亦有黑褐毛片2个，近长圆形（图200A）。冬型幼虫于越冬前蜕皮后，体面各节黑褐色毛片变成白色，体背有4条紫褐色纵线，腹部纯白色（图200B）。

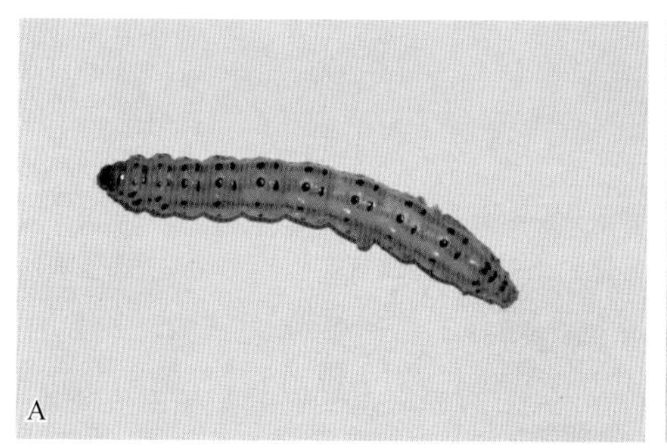

图200　幼虫

A夏型　B冬型

蛹：红褐色或黑褐色，腹部第5 ~ 7节背面前缘有深色不规则网纹，腹末有2对尖锐小突起。

发生特点

发生代数	东北南部、华北大部、黄淮流域1年发生2代，江西1年发生4代，广东及台湾1年发生4 ~ 5代
越冬方式	以滞育的老熟幼虫在玉米秸秆、穗轴或叶鞘中越冬
发生规律	北方越冬幼虫在翌年5月中下旬化蛹，5月下旬至6月上旬羽化；南方发生较早，在广东于3月中旬即可见到成虫
生活习性	成虫昼伏夜出，有趋光性；幼虫有群集为害的习性，被害茎秆内常有数头幼虫蛀食茎秆，并多作环状蛀食

防治适期　产卵盛期。

防治方法

1. 农业防治　在越冬幼虫化蛹与羽化之前，将高粱或玉米秸秆处理完毕，以减少越冬虫源。

2. 物理防治　利用成虫的趋光性，可用黑光灯或频振灯在夜间诱杀成虫。

3. 生物防治　①在产卵盛期释放赤眼蜂，每亩释放10 000 ～ 20 000头，分2次释放。②0.3%印楝素乳油以90 毫米/亩兑水45千克喷雾，对高粱条螟的防治效果达92.69%。

4. 化学防治　参照玉米螟。

水稻蛀茎夜蛾

分类地位 水稻蛀茎夜蛾（*Sesamia inferens*）属鳞翅目夜蛾科，又称紫螟，俗称大螟。

为害特点 初孵幼虫群集在幼苗叶鞘内取食，二龄后蛀入茎内取食，造成枯心苗（图201）。但枯心苗茎基部蛀孔不明显，钻蛀痕迹处留有虫粪，钻蛀入口部位往往在茎基部略偏上（图202）。幼虫也可钻蛀心叶取食，叶片展开后常形成孔洞或呈缺刻状。当有多头幼虫在同一茎秆内聚集取食为害时，常使植株枯死。幼虫还可蛀食果穗、穗轴、茎秆和雄穗柄，造成茎秆折断和果穗腐烂（图203、图204）。

图201　枯心苗

图202　幼苗茎基部被害状

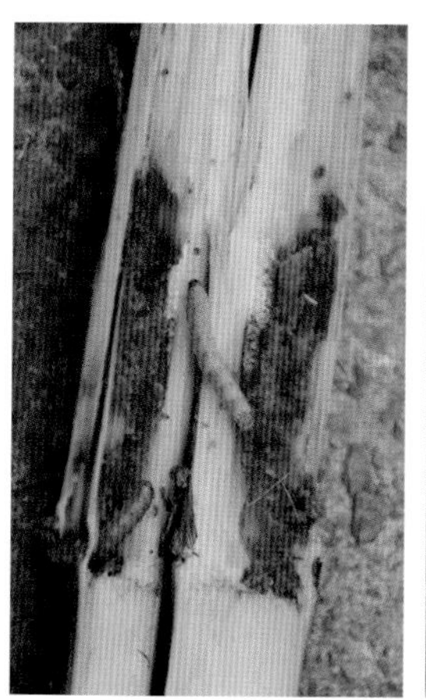

图203 幼虫蛀食茎秆

图204 幼虫蛀食果穗

形态特征

成虫：雌蛾体长15毫米，翅展30毫米。触角丝状，头部和胸部灰黄色，腹部淡褐色。前翅近长方形，浅灰褐色，中央有1条从翅基部至外缘的红褐色条带，呈放射状。翅上分布有呈不规则四边形的4个小黑点，后翅银白色。前后翅外缘均密生灰黄色缘毛。雄蛾体长12毫米，翅展27毫米，体、翅同雌蛾，触角栉齿状（图205）。

卵：扁球形，长0.5毫米，顶部稍凹，表面有放射状细隆线，排列成行，常由2～3列组成卵块，每块有卵40～50粒，卵也有散生、重叠或不规则排列的。初产时白色，孵化前为灰黑色（图206）。

图205 成 虫

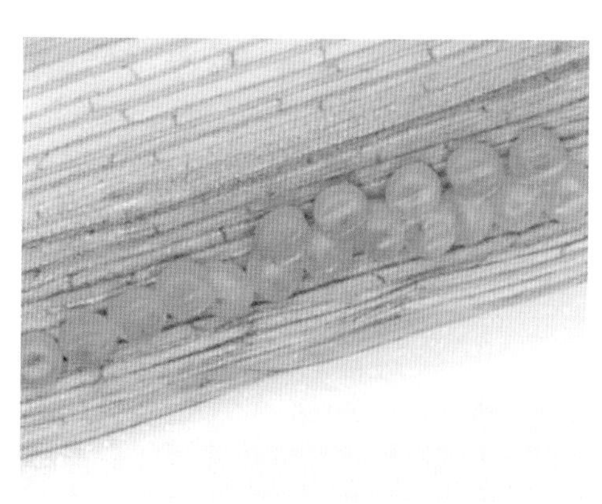

图206 卵

幼虫：共5～7龄。末龄幼虫体长30毫米，较粗壮，头红褐色或暗褐色，腹部背面淡紫红色，腹面白色（图207）。

蛹：长13～18毫米，圆筒形，红褐色，腹部具灰白色粉状物，臀棘有3根钩棘（图208）。

图207　幼　虫

图208　蛹

发生特点

发生代数	1年发生2～8代，随海拔的升高而减少，随温度的升高而增加。云贵高原1年发生2～3代，河南北部、河北南部、山东1年发生3代，江苏、浙江1年发生3～4代，江西、湖南、湖北、四川1年发生4代，福建、广西及云南开远1年发生4～5代，广东南部、台湾1年发生6～8代
越冬方式	多以三龄以上幼虫在玉米茎秆、根茬内或水稻根茬内越冬，江西、广西等地也能以蛹越冬
发生规律	越冬代幼虫化蛹后在4月中下旬开始羽化，羽化的成虫在小麦或早春玉米上产卵，第1代幼虫主要为害春玉米和小麦，6月中旬第1代成虫开始羽化飞往夏玉米田内产卵，幼虫主要为害夏玉米幼苗。第2代幼虫化蛹后于8月初开始羽化形成第2代成虫，产卵孵化后的幼虫主要钻蛀夏玉米穗和茎秆，9月下旬幼虫陆续沿茎秆钻入玉米残桩基部越冬
生活习性	幼虫有群集为害、互相残杀的习性，成虫有趋光性，昼伏夜出

防治适期 幼虫在二龄前聚集在叶鞘为害时防治。

防治方法

1.农业防治　①清除秸秆，消灭越冬幼虫。②与豆科作物轮作，对玉米田水稻蛀茎夜蛾的防效可达85%以上。

2. 物理防治　利用水稻蛀茎夜蛾成虫的趋光性，用杀虫灯诱杀。

3. 化学防治　①在心叶内撒颗粒剂，同玉米螟心叶期防治。②大部分幼虫处在一至二龄阶段，及时喷洒18%杀虫双水剂，每亩施药250毫升，兑水50 ～ 75千克。或20%氯虫苯甲酰胺按10 ～ 15毫升/亩兑水喷雾。

注意将药剂喷到基部叶鞘内。

一点缀螟

一点缀螟主要以幼虫蛀食为害仓储玉米、小麦、水稻、大豆、干果等，近年来在我国西南、藏南地区发现一点缀螟在田间为害玉米较重。

分类地位　一点缀螟（*Paralipsa gularis*）属鳞翅目螟蛾科，异名一点谷螟。

为害特点　成虫喜在玉米花丝和苞叶上产卵，幼虫孵化后开始在玉米果穗端部取食花丝和籽粒，逐步扩大到整个穗部，并聚集为害，玉米收获后可转移到秸秆上蛀食。老熟幼虫喜吐丝结茧于果穗苞叶中化蛹，少数在穗部附近叶腋背面化蛹（图209）。

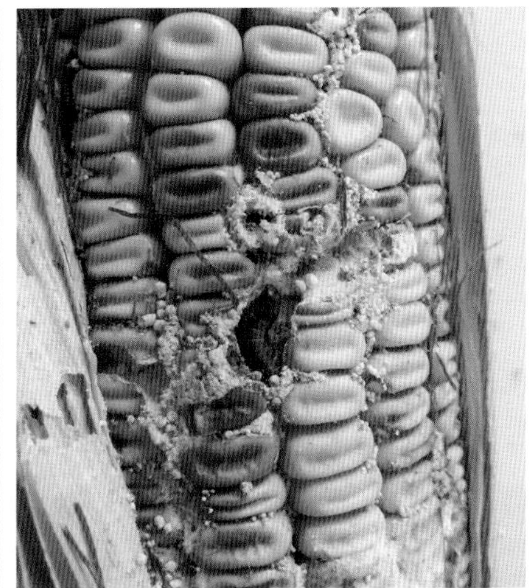

图209　幼虫为害果穗

形态特征

成虫：头、胸、腹部均为灰色，有黑点分布在其中。触角为灰色丝状，前足第2节及中足、后足第3、4节均有跗节。雌蛾体长18.7毫米，展翅30.3毫米；雄蛾体长13.6毫米，翅宽28.2毫米。成虫前翅狭长，外缘末端为圆弧状，有6个小黑点；雌蛾臀前区中央有1个明显黑点，雄蛾为2个；成虫后翅比前翅宽阔，灰白色，前缘为淡黄色；成虫腹部末端有1丛灰色茸毛，雌蛾为圆筒状，雄蛾为弹头状（图210）。

图210　雌　蛾

卵：椭圆形，表面均有网纹。长0.6毫米，宽0.4毫米，初期乳白色、有光泽，渐变为淡黄色。单粒或数粒产在一起，排列不整齐。

幼虫：初孵幼虫为乳白色，渐变成灰黑色。老熟幼虫体长25.9毫米，头、尾稍尖成梭形，背中部有1条明显的淡黄色条纹，两侧具淡黑色或黑色的亚背线条纹，气门条区为淡黄色。腹部第1 ~ 8节背面有2排毛瘤，每个毛瘤和气门上均着生数根刚毛（图211）。

蛹：长纺锤形，长15.3毫米，初为黄褐色，渐变为深褐色（图212）。

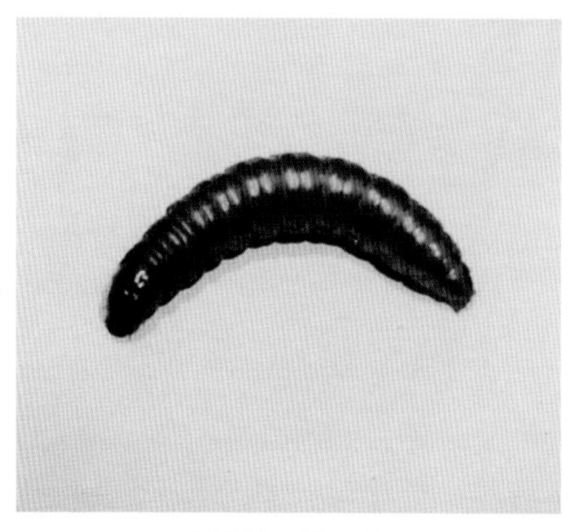

图211　幼　虫

图212　蛹

发生特点

发生代数	1年发生2～3代，第2代和第3代世代重叠
越冬方式	以老熟幼虫在玉米秸秆和果穗中越冬
发生规律	以第2代为害最重；第1代产卵期在5月中下旬至7月上旬，第2代产卵期在7月上旬至9月中旬，第3代产卵期在8月下旬至9月上旬
生活习性	成虫白天潜伏在杂草背面，夜晚进行求偶交尾活动，喜产卵在玉米花丝和苞叶上；低龄幼虫具有趋嫩、集聚的习性，多潜藏在玉米果穗端部取食，逐步向穗中下部转移为害，玉米收获后转移到秸秆上蛀食并以老熟幼虫越冬

防治适期 玉米抽丝期是最佳的防治时期，用化学药剂进行防治，同时可兼治穗期玉米螟。

防治方法

1. 农业防治　玉米秸秆粉碎还田，可杀死秸秆内越冬幼虫；玉米果穗及时收获并进行有效仓储管理。

2. 化学防治　在玉米抽丝期用20%氯虫苯甲酰胺5 000倍液或3%甲氨基阿维菌素苯甲酸盐微乳剂2 500倍液喷雾。

注意将药液喷到花丝和果穗上。

白星花金龟

分类地位 白星花金龟（*Potosta brevitarsis*）属鞘翅目花金龟科，别名白星花潜、白纹铜花金龟。

为害特点 成虫多群集于玉米果穗上取食花丝和幼嫩的籽粒（图213），造成直接产量损失。其排出的粪便污染下部叶片和果穗，影响光合作用并加重穗腐病发生。还可取食花药，影响授粉。幼虫为腐食性，不为害。

图213　成虫群集为害果穗

形态特征

成虫：雌虫体长17 ~ 22毫米，雄虫体长19 ~ 24 毫米。长椭圆形，具古铜色或黑紫铜色光泽，体表散布较多不规则波纹状白色绒斑。臀板短宽，布满皱纹和黄绒毛，每侧具白绒斑（图214）。

图214　成　虫

卵：圆形或椭圆形，长1.7 ~ 2.4毫米，表面光滑，初产为乳白色，有光泽，后变为淡黄色。

幼虫：老熟幼虫体长24 ~ 40毫米，体乳白色或黄白色，头褐色，肛腹片上的刺毛列呈倒U形，2纵行排列（图215）。

蛹：外包以土室，土室长2.6 ~ 3.0 厘米，椭圆形，中部一侧稍突起（图216）。

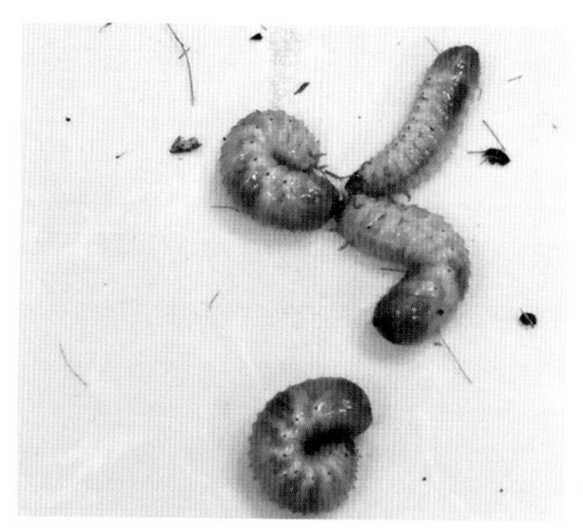

图215　幼　虫

图216　蛹及土室

发生特点

发生代数	1年发生1代
越冬方式	以幼虫在土壤和堆肥中越冬
发生规律	成虫于5月中旬开始出现，6 ~ 7月为发生盛期，10月底基本全部消失；成虫寿命40 ~ 60天，卵期7 ~ 10天，幼虫期290 ~ 330天，蛹期约1个月
生活习性	成虫产卵于含腐殖质多的土中、堆肥和腐物堆中；成虫白天活动，飞翔力强，有群集性、趋化性和假死性，对酒醋味有趋性

防治适期 成虫羽化盛期前。

防治方法

1. 农业防治　①消灭粪肥中的幼虫，使用充分腐熟的有机肥。②选择果穗苞叶紧的玉米品种，苞叶能够将玉米穗顶包住，减少成虫为害。

2. 物理防治　①糖醋液诱杀。将白酒、红糖、食醋、水、90%敌百虫晶体按1 ：3 ：6 ：9 ：1的比例配制成糖醋液，或糖醋液中加入烂果，也可用腐烂的果实加蜂蜜再加入敌百虫，用广口瓶或塑料盆悬挂于玉米田间，诱杀成虫，诱捕器高度应与玉米雌穗位置大致相同。②人工捕杀。利用成虫的假死性和群集性，在成虫为害果穗盛期，用网袋套住正在聚集为害的玉米穗的成虫。③毒饵诱杀。成虫喜欢吃腐烂的果实，将成熟或腐烂的瓜果拌上毒死蜱或敌百虫等杀虫剂，撒在玉米田四周诱杀成虫。

3.化学防治 ①成虫羽化盛期前用3%辛硫磷颗粒剂或3%氯唑磷颗粒剂，均匀撒于地表，杀死蛹及幼虫，也可兼治其他地下害虫。②成虫发生期喷药，常用药剂有50%辛硫磷乳油1 000倍液、30%敌百虫乳油500倍液、80%敌百虫可湿性粉剂1 000倍液，喷在雌穗顶部。③玉米灌浆初期，可用0.36%苦参碱水剂1 000倍液、80%敌敌畏乳油1 000倍液、2.5%高效氯氟氰菊酯乳油和4.5%高效氯氰菊酯乳油1 500 ～ 2 000倍液，在玉米雌穗顶部滴1滴，还可兼治小青花金龟、棉铃虫、玉米螟等其他蛀穗害虫。

小青花金龟

分类地位 小青花金龟（*Oxycetonia jucunda*）属鞘翅目花金龟科，别名小青花潜、银点花金龟。

为害特点 成虫多群聚于玉米雌穗和雄穗上取食花丝和花药，影响授粉结实，灌浆期取食籽粒造成秃尖。常与白星花金龟一起混合为害（图217）。

图217 小青花金龟为害状

形态特征

成虫：体长12 ~ 15毫米，长椭圆形，稍扁，背面暗绿色或绿色，鞘翅狭长，上有银白色绒斑，一般在侧缘和翅合缝处各具有3个较大的斑。前胸背板前狭后阔，有白绒斑，侧缘弧形外扩，后缘中段内弯，茸毛密长。小盾片三角形，臀板宽短，中部偏上有4个白绒斑，横列或者弧形排列（图218）。

图218　成　虫

卵：椭圆形，初乳白色，渐变成淡黄色。

幼虫：体乳白色，头部棕褐色或者暗褐色，上颚黑褐色，前顶、额中、额前侧各有1根刚毛。

蛹：裸蛹，长14毫米，初为浅黄白色，后变为橙黄色。

发生特点

发生代数	1年发生1代
越冬方式	北方地区以幼虫越冬，南方地区以幼虫、蛹、成虫越冬
发生规律	成虫于翌年4 ~ 5月出土活动；以末龄幼虫越冬的，成虫于5 ~ 9月陆续出现，多雨后出土，6 ~ 7月始见幼虫，9月后成虫绝迹
生活习性	成虫喜在腐殖质多的土壤和枯枝落叶层下产卵，成虫白天活动，尤其在晴天无风和气温较高的10:00 ~ 16:00取食、飞翔最烈，同时也是交尾盛期，如遇风雨，则栖息在花中，不大活动，日落后飞回土中潜伏、产卵；幼虫孵化后以腐殖质为食，长大后为害植物根部，但不明显，老熟幼虫经常在浅土层中化蛹

防治适期 同白星花金龟。

防治方法 同白星花金龟。

附录1　玉米主要生育期病虫害防治历

<table>
<tr><th>生育期</th><th>病虫害</th><th>防治技术</th></tr>
<tr><td>播种前</td><td>根腐病、丝黑穗病、茎腐病、粗缩病、矮花叶病、线虫矮化病、蓟马、蚜虫、灰飞虱、地下害虫</td><td>1.选择抗病品种　针对历年病虫害发生情况，有针对性地选择抗病品种
2.种子处理　根据品种抗性及历年病虫害发生情况，选择合适的种衣剂给种子包衣
3.杀死越冬害虫　深翻土壤杀死越冬害虫，如果虫害严重，可撒施3%辛硫磷颗粒剂后再翻耕
4.防治地下害虫　地下害虫发生量大时，用50%辛硫磷乳油与炒过的棉籽饼或麦麸制作毒饵（比例为1 ： 100）诱杀，于傍晚时分在田间呈堆状或条带状撒施
5.防治茎腐病和根腐病　发生严重的地块，可以采用木霉或枯草芽孢杆菌等生物菌肥撒施后翻耕</td></tr>
<tr><td>播种期</td><td>二点委夜蛾、地下害虫</td><td>1.防治二点委夜蛾　采用带灭茬清垄功能的播种机械作业，清除或粉碎玉米秸秆，露出播种沟
2.防治地下害虫　颗粒剂和化肥混匀后同施入土，或者条带状施入颗粒剂</td></tr>
<tr><td>发芽期</td><td>地下害虫</td><td rowspan="3">1.及时排水　防止涝害引起根腐病，造成缺苗断垄
2.防治地下害虫　对于三龄以下幼虫，可用48%毒死蜱乳油或40%辛硫磷乳油1 000倍液灌根或傍晚茎叶喷雾；对于高龄幼虫，施用毒饵（制作方法同上），于傍晚时分撒在作物行间诱杀
3.防治刺吸性害虫，兼治病毒病　选用25%噻虫嗪水分散粉剂6 000倍液、22%噻虫·高氯氟10 ～ 15毫升/亩、3%啶虫脒微乳剂80毫升/亩、50%抗蚜威可湿性粉剂2 000倍液等喷雾
4.防治甜菜夜蛾　用高效氯氰菊酯、溴氰菊酯、虫螨腈、氯虫苯甲酰胺、溴氰虫酰胺、甲氨基阿维菌素苯甲酸盐（甲维盐）、虫酰肼、茚虫威等药剂进行喷雾防治</td></tr>
<tr><td>出苗期</td><td>根腐病、地下害虫</td></tr>
<tr><td>3叶期</td><td>粗缩病、矮花叶病、蓟马、灰飞虱、甜菜夜蛾、地下害虫</td></tr>
<tr><td>5叶期</td><td>粗缩病、矮花叶病、线虫矮化病、甜菜夜蛾、棉铃虫、玉米螟、黏虫</td><td rowspan="2">1.防治粗缩病、线虫矮化病　显症期统计发病率和病情严重度，判断损失，决定是否需要采用毁种、补种等措施
2.防治棉铃虫等食叶害虫　清晨或傍晚幼虫在叶面上活动时，喷洒速效性强的药剂，如高效氯氰菊酯、氯虫苯甲酰胺、溴氰菊酯、甲维盐、四氯虫酰胺、氯虫·甲维盐或甲维·茚虫威等杀虫剂喷雾防治
3.防治褐斑病　用含丙环唑、苯醚甲环唑、戊唑醇、三唑酮（粉锈宁）等有效成分的药剂进行防治。每隔7 ～ 10天喷1次，连喷2次</td></tr>
<tr><td>7叶期</td><td>褐斑病、顶腐病</td></tr>
</table>

（续）

<table>
<tr><th>生育期</th><th>病虫害</th><th>防治技术</th></tr>
<tr><td>拔节期</td><td>纹枯病、顶腐病</td><td>4.防治顶腐病　发病初期可用含有效成分菌毒清、多菌灵、代森锰锌等的药剂喷雾
5.防治纹枯病　①摘除玉米病叶、病鞘，并于茎秆部位涂抹井冈霉素，杀灭残留病菌，减少侵染菌源。②在发病初期，用芽孢杆菌、摩西球囊霉、绿色木霉、BG-2、哈茨木霉等生物制剂喷雾对纹枯病均有一定的防效</td></tr>
<tr><td>心叶末期</td><td>大斑病、小斑病、灰斑病、纹枯病</td><td>在心叶末期喷施持效期相对较长的杀虫杀菌剂1次，如氯虫＋吡嘧・氟环唑乳油（35%吡嘧・氟环唑50克/亩，杀虫剂50%氯虫苯甲酰胺10克/亩），可有效预防生长后期病虫害的发生</td></tr>
<tr><td>抽雄期</td><td>弯孢叶斑病、南方锈病、细菌顶腐病、细菌性叶枯病、丝黑穗病、纹枯病、双斑长跗萤叶甲</td><td rowspan="5">1.防治蛀穗和蛀茎害虫　①在成虫羽化期，利用性诱剂迷向或杀虫灯诱杀成虫，降低田间虫口数量。②在玉米螟卵孵化期，田间喷施每毫升100亿个孢子的Bt乳剂或者可湿性粉剂200倍液。③在产卵始期至产卵盛期释放赤眼蜂2～3次，每次释放1.5万～2万头/亩。④含有效成分为辛硫磷、溴氰菊酯、氟苯虫酰胺、氯虫苯甲酰胺、杀虫单、氰戊菊酯、甲维盐的药剂进行防治
2.防治白星花金龟　①糖醋液诱杀成虫。诱捕器高度应与玉米雌穗位置大致相同。②人工捕杀成虫。③毒饵诱杀。成虫喜欢吃腐烂的果实，将成熟或腐烂的瓜果拌上毒死蜱或敌百虫等杀虫剂，撒在玉米田四周诱杀成虫。④在田边设置杀虫灯诱杀成虫。⑤成虫发生期喷药防治。常用药剂有50%辛硫磷乳油1 000倍液、30%敌百虫乳油500倍液、80%敌百虫可湿性粉剂1 000倍液，喷在雌穗顶部；也可在玉米灌浆初期，用0.36%苦参碱水剂1 000倍液、80%敌敌畏乳油1 000倍液、2.5%高效氯氟氰菊酯乳油和4.5%高效氯氰菊酯乳油1 500～2 000倍液，在玉米雌穗顶部滴1滴，还可兼治棉铃虫、玉米螟等其他蛀穗害虫
3.防治双斑长跗萤叶甲　有效药剂为呋虫胺、联苯菊酯、噻虫嗪、高效氯氟氰菊酯、吡虫啉、啶虫脒
4.防治病害　①对后期病害的防治主要依靠品种抗性，心叶末期喷施长效杀菌剂，对后期的病害有很好的预防效果，如27%氟唑•福美双可湿性粉剂60～80克/亩、30%肟菌•戊唑醇悬浮剂36～45毫升/亩等，施药1～2次，间隔7～10天；或18.7%丙环唑•嘧菌酯悬乳剂50～70毫升/亩，施药1次。②及时摘除丝黑穗病和瘤黑粉病的菌瘿，带出田外深埋处理，避免冬孢子散落到田间，成为翌年的初侵染来源</td></tr>
<tr><td>吐丝期</td><td>瘤黑粉病、丝黑穗病、纹枯病、叶斑病、双斑长跗萤叶甲</td></tr>
<tr><td>灌浆期</td><td>叶斑病、瘤黑粉病、丝黑穗病、细菌叶枯病、穗腐病、穗部害虫、蛀茎害虫、双斑长跗萤叶甲</td></tr>
<tr><td>乳熟期</td><td>茎腐病、穗腐病、叶斑病、细菌叶枯病、穗部害虫、蛀茎害虫</td></tr>
<tr><td>蜡熟期</td><td>茎腐病、穗腐病、叶斑病、穗部害虫、蛀茎害虫</td></tr>
</table>

(续)

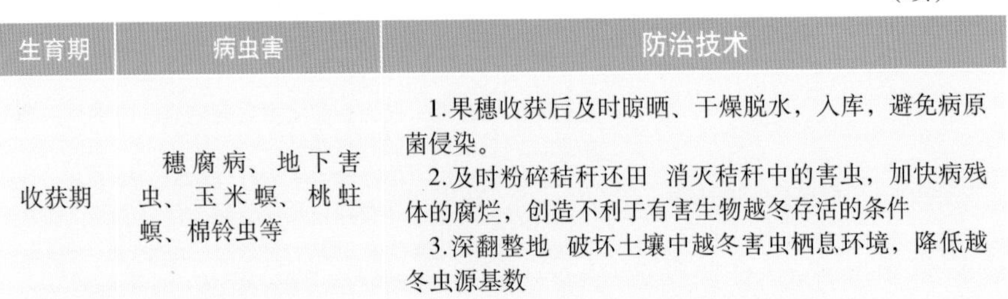

生育期	病虫害	防治技术
收获期	穗腐病、地下害虫、玉米螟、桃蛀螟、棉铃虫等	1.果穗收获后及时晾晒、干燥脱水，入库，避免病原菌侵染。 2.及时粉碎秸秆还田　消灭秸秆中的害虫，加快病残体的腐烂，创造不利于有害生物越冬存活的条件 3.深翻整地　破坏土壤中越冬害虫栖息环境，降低越冬虫源基数

附录2 玉米病虫害防治常用农药

通用名	有效成分	商品名	毒性	防治对象	使用时间	注意事项
拌种双	拌种灵、福美双		低毒	黑穗病	播种前拌种	
苯甲·毒死蜱	苯醚甲环唑、毒死蜱	拌武	低毒	丝黑穗病	播种前包衣	禁止在蔬菜上使用
苯醚·咯·噻虫	苯醚甲环唑、噻虫嗪、咯菌腈	谷拌乐	低毒	丝黑穗病	播种前包衣	
吡·福·烯唑醇	吡虫啉、烯唑醇、福美双	欧·拌、玉添金	低毒	丝黑穗病、地下害虫	播种前包衣	
吡·戊·福美双	戊唑醇、吡虫啉、福美双	玉麦丹	低毒	丝黑穗病、地下害虫	播种前包衣	直接包衣，不能加水或其他农药、肥料
吡唑酯·咯菌腈·噻虫嗪	噻虫嗪、吡唑醚菌酯、咯菌腈		低毒	茎基腐病、灰飞虱	播种前包衣	
丙环·嘧菌酯	嘧菌酯、丙环唑	扬彩、点灵、赛达	低毒	大、小斑病	发期初期	
丁·戊·福美双	戊唑醇、丁硫克百威、福美双	包益	中等毒	丝黑穗病	播种前包衣	
丁硫·福美双	丁硫克百威、福美双	碧一、护粮人	低毒	黑穗病、茎基腐病、地下害虫	播种前包衣	
丁硫·戊唑醇	戊唑醇、丁硫克百威		中等毒	丝黑穗病、地下害虫	播种前包衣	
丁香·戊唑醇	戊唑醇、丁香菌酯	亨尔	低毒	大斑病	发病前和发病初期	
多·福	多菌灵、福美双	炭粉酯、田丰苗菌敌	低毒	茎基腐病	播种前包衣	

（续）

通用名	有效成分	商品名	毒性	防治对象	使用时间	注意事项
氟嘧·戊唑醇	戊唑醇、氟嘧菌酯	益唯特	低毒	大斑病	发病前或始见零星病斑	
氟唑·福美双	氟环唑、福美双		低毒	小斑病	初见病斑	
福·克	克百威、福美双		高毒	茎基腐病、黑粉病、黑穗病、地下害虫	播种前包衣	玉米包衣专用剂型，不得作为喷雾使用
福·戊·氯氰	戊唑醇、福美双、氯氰菊酯		低毒	丝黑穗病	播种前包衣	
福·唑·毒死蜱	戊唑醇、福美双、毒死蜱		低毒	丝黑穗病、蛴螬、蝼蛄、金针虫	播种前包衣	悬浮液体，长期存放可能有分层现象，使用前充分摇动混合均匀
甲·萎·种菌唑	萎锈灵、种菌唑、甲霜灵	Rancona Trio	微毒	苗期茎基腐病	播种前包衣	
甲·戊·嘧菌酯	戊唑醇、嘧菌酯、甲霜灵		低毒	茎基腐病、丝黑穗病	播种前包衣	
甲硫·戊唑醇	戊唑醇、甲基硫菌灵	儒雅	低毒	大斑病	发病初期	
甲硫灵·精甲霜·嘧菌酯	嘧菌酯、精甲霜灵、甲基硫菌灵		低毒	茎基腐病	播种前包衣	
甲柳·福美双	福美双、甲基异柳磷		中等毒（原药高毒）	茎基腐病、地下害虫	播种前包衣	
甲柳·三唑醇	三唑醇、甲基异柳磷		高毒	丝黑穗病	播种前包衣	
甲霜·嘧菌酯	嘧菌酯、甲霜灵		低毒	茎基腐病	播种前包衣	
甲霜·戊唑醇	戊唑醇、甲霜灵		低毒	茎基腐病、丝黑穗病	播种前包衣	

（续）

通用名	有效成分	商品名	毒性	防治对象	使用时间	注意事项
甲霜·种菌唑	种菌唑、甲霜灵	顶苗新	低毒	丝黑穗病、茎基腐病	播种前包衣	
腈·克·福美双	腈菌唑、克百威、福美双		中等毒（原药高毒）	丝黑穗病、茎基腐病	播种前包衣	严禁田间喷雾使用
腈菌·戊唑醇	戊唑醇、腈菌唑	中植永乐	低毒	丝黑穗病	播种前包衣	
精·咪·噻虫胺	咪鲜胺铜盐、噻虫胺、精甲霜灵		低毒	茎基腐病、灰飞虱	播种前包衣	
精甲·苯醚甲	苯醚甲环唑、精甲霜灵		微毒	茎基腐病、丝黑穗病	播种前包衣	
精甲·咯·嘧菌	嘧菌酯、精甲霜灵、咯菌腈	润苗、盈盾	低毒	茎基腐病	茎基腐病	
精甲·咯·灭菌	灭菌唑、精甲霜灵、咯菌腈		低毒	丝黑穗病、茎基腐病	播种前包衣	
精甲·戊·嘧菌	戊唑醇、嘧菌酯、精甲霜灵		低毒	茎基腐病、丝黑穗病	播种前包衣	
精甲霜·嘧菌酯·噻虫胺	噻虫胺、嘧菌酯、精甲霜灵		低毒	茎基腐病、蚜虫	播种前拌种	
克·醇·福美双	克百威、福美双、三唑醇	迪巧	中等毒（原药高毒）	丝黑穗病、地下害虫	播种前包衣	
克·酮·福美双	三唑酮、克百威、福美双	衣歌	中等毒（原药高毒）	茎基腐病	播种前包衣	不得用于防治卫生害虫，不得用于蔬菜、瓜果、茶叶、菌类、中草药材的生产，不得用于水生植物病虫害防治
克·戊·福美双	戊唑醇、克百威、福美双		高毒	丝黑穗病、地下害虫	播种前包衣	

（续）

通用名	有效成分	商品名	毒性	防治对象	使用时间	注意事项
克·戊·三唑酮	三唑酮、戊唑醇、克百威	拌郎	中等毒（原药高毒）	丝黑穗病、地下害虫	播种前包衣	不能应用于催芽的玉米种子包衣，不能加水稀释或加其他农药和肥料，严禁喷雾使用
柳·戊·三唑酮	三唑酮、戊唑醇、甲基异柳磷		中等毒（原药高毒）	丝黑穗病、地下害虫	播种前包衣	不能用来包衣其他作物种子，不能加水、肥料和其他农药，不得作为喷雾使用
咯菌.嘧菌酯	嘧菌酯、咯菌腈	万势	低毒	茎基腐病	播种前包衣	
咯菌·精甲霜	精甲霜灵、咯菌腈	伴嫁、亮盾	低毒	茎基腐病	播种前包衣	避免与氧化剂接触
咯菌腈·嘧菌酯·噻虫嗪	嘧菌酯、噻虫嗪、咯菌腈		低毒	茎基腐病、灰飞虱	播种前包衣	
氯氟醚·吡唑酯	吡唑醚菌酯、氯氟醚菌唑		低毒	大斑病	发病前或发病初期	
氯氰·福美双	福美双、氯氰菊酯		低毒	茎枯病	播种前包衣	为固定剂型，用时不需要加水稀释或增加其他的农药、化肥
醚菌·氟环唑	氟环唑、醚菌酯	尊保	低毒	大斑病	发病前或初期	
噻虫·咯·霜灵	噻虫嗪、精甲霜灵、咯菌腈	晶巧、稼凯	低毒	茎基腐病、根腐病、灰飞虱、蚜虫	播种前包衣	
噻虫·咯菌腈	噻虫嗪、咯菌腈	途旺	低毒	茎基腐病、灰飞虱	播种前包衣	
噻虫胺·噻呋·戊唑醇	噻虫胺、噻呋酰胺、戊唑醇		低毒	茎基腐病	播种前包衣	

（续）

通用名	有效成分	商品名	毒性	防治对象	使用时间	注意事项
噻虫嗪·咯菌腈·氟氯氰	氟氯氰菊酯、噻虫嗪、咯菌腈		低毒	茎基腐病	播种前包衣	
噻虫嗪·噻呋酰胺	噻呋酰胺、噻虫嗪	拌乐饱、籽悦	低毒	纹枯病、灰飞虱	播种前拌种	
噻灵·咯·精甲	噻菌灵、精甲霜灵、咯菌腈		低毒	茎基腐病	播种前拌种	
萎·克·福美双	萎锈灵、克百威、福美双		中等毒（原药高毒）	丝黑穗病、地下害虫	播种前包衣	
萎锈·福美双	萎锈灵、福美双	卫福	低毒	苗期茎基腐病、丝黑穗病	播种前拌种	
肟菌·戊唑醇	戊唑醇、肟菌酯	拿敌稳、稳腾	低毒	大、小斑病，灰斑病	发病初期	
戊·氯·吡虫啉	戊唑醇、吡虫啉、高效氯氰菊酯	好巧	低毒	丝黑穗病、金针虫	播种前包衣	不能加水或其他农药、化肥，直接用于种子包衣处理
戊唑·吡虫啉	戊唑醇、吡虫啉	红扫黑、申盾	低毒	丝黑穗病、灰飞虱、蚜虫	播种前	
戊唑·氟虫腈	戊唑醇、氟虫腈	晓光夏宇	低毒	丝黑穗病、蛴螬	播种前包衣	
戊唑·福美双	戊唑醇、福美双	其美、戊福	低毒	丝黑穗病、地下害虫	播种前包衣	
戊唑·克百威	戊唑醇、克百威	剪黑、虫消黑	高毒	丝黑穗病	播种前包衣	
戊唑·嘧菌酯	戊唑醇、嘧菌酯	酷思特	低毒	大、小斑病	发病前或发病初期施药	

（续）

通用名	有效成分	商品名	毒性	防治对象	使用时间	注意事项
戊唑·噻虫嗪	戊唑醇、噻虫嗪	棒粒乐	低毒	丝黑穗病、灰飞虱、蚜虫、蛴螬	播种前包衣	
烯肟·苯·噻虫	苯醚甲环唑、噻虫嗪、烯肟菌胺	腾收	低毒	丝黑穗病、蚜虫	播种前包衣	
烯唑·福美双	烯唑醇、福美双		低毒	丝黑穗病	播种前包衣	
辛硫·福美双	辛硫磷、福美双	地鹰	低毒	根腐病	播种前包衣	不能加其他的农药、肥料
唑醚·稻瘟灵	吡唑醚菌酯、稻瘟灵		低毒	大斑病	发病初期	
唑醚·氟环唑	吡唑醚菌酯、氟环唑	迈迪森、欧帕	微毒	大斑病	发病初期	
唑醚·氟酰胺	氟唑菌酰胺、吡唑醚菌酯	健达	低毒	大斑病	发病初期	
唑醚·甲菌灵	吡唑醚菌酯、甲基硫菌灵	鑫尊	低毒	茎基腐病	播种前包衣	
唑醚·精甲霜	吡唑醚菌酯、精甲霜灵	终霜	低毒	茎基腐病	播种前包衣	
唑醚·戊唑醇	戊唑醇、吡唑醚菌酯	巨彩、明润丰	低毒	大斑病	发病前或发病初期	
甲维·氯虫苯	氯虫苯甲酰胺、甲氨基阿维菌素苯甲酸盐	全管王、迅丰	低毒	玉米螟	卵孵化高峰期	
氯虫·噻虫胺	氯虫苯甲酰胺、噻虫胺	凯瑞、科利隆	微毒	小地老虎、蛴螬	播前沟施	
氯虫苯·氟氯氰	氯虫苯甲酰胺、氟氯氰菊酯		低毒	蛴螬	播前沟施	
氯虫·噻虫嗪	氯虫苯甲酰胺、噻虫嗪	度锐	低毒	玉米螟	卵孵化高峰至二龄幼虫期	

（续）

通用名	有效成分	商品名	毒性	防治对象	使用时间	注意事项
苦参·印楝素	苦参碱、印楝素	横击	低毒	草地贪夜蛾	卵孵盛期至低龄幼虫发生期	
吡虫·硫双威	硫双威、吡虫啉	真扎实	中等毒	蛴螬、小地老虎	播前种子处理	
联苯·噻虫胺	联苯菊酯、噻虫胺	纵行	低毒	蛴螬	播前沟施	
溴酰·噻虫嗪	噻虫嗪、溴氰虫酰胺	福亮	低毒	甜菜夜蛾、小地老虎、蛴螬、二点委夜蛾、草地贪夜蛾、蓟马、黏虫	播前种子处理	
聚醛·甲萘威	四聚乙醛、甲萘威	小螺号、欢乐死	低毒	蜗牛	蜗牛发生始盛期	撒施或混合沙土撒施
噻虫嗪·噻呋酰胺	噻呋酰胺、噻虫嗪	籽悦	低毒	灰飞虱	播前种子处理	
吡虫·氟虫腈	吡虫啉、氟虫腈		低毒	蛴螬、金针虫、灰飞虱、蓟马	播前种子处理	
噻虫胺·吡虫啉	噻虫胺、吡虫啉	邦尔	低毒	小地老虎、蛴螬、金针虫	播前种子处理	
甲维·毒死蜱	甲氨基阿维菌素苯甲酸盐、毒死蜱	胜握	低毒	玉米螟	卵孵化盛期及低龄幼虫高峰期	
氯虫·高氯氟	氯虫苯甲酰胺、高效氯氟氰菊酯	福奇	低毒	玉米螟	卵孵化高峰至二龄幼虫期	
氟腈·噻虫嗪	噻虫嗪、氟虫腈		低毒	灰飞虱	播前种子处理	

（续）

通用名	有效成分	商品名	毒性	防治对象	使用时间	注意事项
多·甲拌	多菌灵、甲拌磷		高毒	地下害虫	播前种子处理	
甲柳·三唑酮	三唑酮、甲基异柳磷	真好拌、巧拌 控蚜 害	高毒	地下害虫	播前种子处理	
噻虫·高氯氟	噻虫嗪、高效氯氟氰菊酯	优利普	中等毒	蚜虫、蛴螬、灰飞虱	蚜虫始盛期	叶面喷雾
克百·多菌灵	多菌灵、克百威	帮多	高毒	地下害虫	播前种子处理	
克百·甲硫灵	克百威、甲基硫菌灵	包成金	高毒	地下害虫	播前种子处理	
多·福·克	多菌灵、克百威、福美双		高毒	地下害虫	播前种子处理	
克百·三唑酮	三唑酮、克百威		高毒	地老虎、金针虫、蛴螬	播前种子处理	
氯氰·辛硫磷	辛硫磷、氯氰菊酯	敌宝、绿洲一号	中等毒	玉米螟	喇叭口	光线暗时使用
噻虫·氟氯氰	噻虫胺、氟氯氰菊酯	独器	低毒	二点委夜蛾	卵孵化盛期至幼虫期	避免高温用药
杀单·噻虫嗪	噻虫嗪、杀虫单	帝禧壮	低毒	蚜虫、玉米螟	播种期或喇叭口期	
吡虫·高氟氯	高效氟氯氰菊酯、吡虫啉	猎甲	低毒	金针虫	播前种子处理	
氰戊·辛硫磷	辛硫磷、氰戊菊酯	农士达	中等毒	玉米螟	产卵盛期前后	
松毛虫赤眼蜂	松毛虫赤眼蜂		—	玉米螟	产卵初期至盛期	

（续）

通用名	有效成分	商品名	毒性	防治对象	使用时间	注意事项
除脲·高氯氟	高效氯氟氰菊酯、除虫脲	护功	低毒	玉米螟	卵孵化盛期至低龄幼虫期	
氟苯·杀虫单	氟苯虫酰胺、杀虫单		中等毒	玉米螟	卵孵盛期至一至二龄幼虫高峰期	
甲维·高氯氟	高效氯氟氰菊酯、甲维盐	兵达、千里无	低毒	玉米螟	虫卵孵化盛期至低龄幼虫期	

图书在版编目（CIP）数据

玉米病虫害绿色防控彩色图谱/王振营，石洁，朱晓明主编．—北京：中国农业出版社，2022.1
（扫码看视频·病虫害绿色防控系列）
ISBN 978-7-109-30049-1

Ⅰ.①玉… Ⅱ.①王… ②石… ③朱… Ⅲ.①玉米-病虫害防治-无污染技术-图谱 Ⅳ.①S435.13-64

中国版本图书馆CIP数据核字（2022）第175288号

YUMI BINGCHONGHAI LÜSE FANGKONG CAISE TUPI

中国农业出版社出版
地址：北京市朝阳区麦子店街18号楼
邮编：100125
责任编辑：郭晨茜 郭 科
版式设计：郭晨茜 责任校对：吴丽婷 责任印制：王 宏
印刷：北京通州皇家印刷厂
版次：2022年1月第1版
印次：2022年1月北京第1次印刷
发行：新华书店北京发行所
开本：880mm × 1230mm 1/32
印张：5.75
字数：200千字
定价：46.00元